총의 과학

총의 과학

발사 원리와 총신의 진화로 본
총의 구조와 메커니즘 해설

가노 요시노리 지음 | 신찬 옮김

보누스

총기는 근대와 함께 등장한
과학 기술의 산파

날붙이는 인류 문명의 시작점이고 총은 근대 문명의 기원이다. '인간은 도구를 쓰는 동물'이라고 하지만, 돌로 조개껍데기를 부수는 일 정도는 해달도 할 수 있다. 원숭이는 잎사귀를 뜯어낸 나뭇가지를 개미굴에 넣어서 개미를 잡기도 한다. 그렇다면 인류가 해달이나 원숭이 같은 동물과 확연한 차이를 보인 것은 언제부터일까? 어쩌면 인류가 돌을 다듬어 돌칼을 만들어냈을 때가 아닐까? 이런 의미에서 날붙이는 인류 문명의 원점이라 할 수 있다.

만약 총이 발명되지 않았다면 오늘날 문명은 아직도 중세에 머물렀을 것이다. 총이 발명되자 총이 없거나 총을 만드는 기술이 없는 나라는 살아남을 수 없었다. 그래서 많은 나라가 고성능 총과 고품질 화약을 만드는 데온 힘을 쏟았다. 그 결과, 총이 발명된 이후에 과학 기술의 발전 속도가 급격히 빨라졌다.

활을 쓰던 시대에는 '중력가속도'나 '공기저항'을 굳이 생각하지 않아도 됐지만, 성능 좋은 총을 만들기 위해서는 '탄속(彈速) 측정' 같은 지식이 많이 필요했다. 또한 화약 원료인 초석(硝石)은 생산지가 한정돼 있어 손에 넣기가 여의치 않았다. 이를 해결하려고 수백 년도 전에 흙 속의 박테리아를 이용해서 초석을 생산했다.

산업혁명의 원동력인 증기기관은 광산에 효율적으로 용수를 공급할 방법을 궁리하던 중에 발명됐다. 그런데 광산 개발에 열을 올린 이유는 총이나 대포 생산에 필요한 광물을 확보하기 위해서였다. 총포의 발명이 다양한 분야의 학문 연구를 촉진하고, 과학 기술을 발전시켜 근대 문명이 탄생했다.

총은 과학 기술뿐만 아니라 사회 구조도 바꿨다. 총이 발명되기 전에는 갑옷과 투구를 몸에 두른 무사나 기사의 수가 군사력을 가늠하는 척도였다. 그들은 민중을 지배하는 계급이었고 농민이나 상인이 감히 죽창 따위로 거스를 수 있는 존재가 아니었다. 그러나 총이 발명되자 사회는 크게 변했다. 전장에 총이 등장하면서 전세는 총을 많이 보유한 편이 유리해졌다. 이후 전쟁이 일어나면 농민을 모아 철포 부대를 조직했다. 군사력을 가늠하는 척도가 기사나 무사에서 민중이 된 셈이다. 이렇게 되자 왕이나 귀족도 예전처럼 민중을 함부로 대할 수 없었다. 사회 구조의 변화가 나아가 민주주의의 밑거름이 된 것이다.

이 때문에 유럽이나 미국에서는 총을 민주주의의 기초로 여긴다. 일본의 도쿠가와막부[1603년~1867년, 에도막부라고도 한다.]는 철포가 '무사의 지배 체제를 흔들 것이다.'라고 예감했기 때문에 탐탁지 않게 생각했다.

'미국은 왜 총기류를 규제하지 않을까?'라고 의아해하는 사람도 있다. 이는 미국인의 사고방식을 이해하지 못해서인데, 그들은 국민의 총기 소지가 민주주의의 기초이며 '기본 인권을 보장한다.'라고 생각한다. 국민이 총을 소지하지 않는 것을 당연하게 생각하는 나라도 있지만, 세상의 상식이 꼭 그렇지는 않다.

미국에서 살인 사건이 많은 이유는 '총 소지가 자유롭기 때문이다.'라고 생각하는 사람도 있는데, 미국 이상으로 총기 소지가 일반적인 캐나다나 스위스는 미국처럼 범죄율이 높지 않다. 미국에서 범죄가 많은 이유는 총 때문이 아니라 미국 사회의 체질적인 문제 때문으로 봐야 한다.

'국제화' '국제인'이라는 말이 있다. 필자는 이처럼 의미가 불명확한 말을 잘 사용하지 않지만, 국제인이 '외국의 문화나 문물, 사고방식을 이해하는 사람'을 의미한다면 마땅히 총에 대한 지식도 갖춰야 할 것이다. 이 세상에는 가정에서 총기를 보유하는 것을 당연시하는 나라가 많기 때문이다.

또한 사격은 올림픽 종목 중 하나로 많은 나라가 청소년도 할 수 있는 건전한 스포츠로 육성하고 있다. 사냥은 신사의 소양이기도 하다. 예를 들어 프랑스 인구는 약 6,700만 명인데, 사냥 인구는 약 130만 명이나 된다. 국제인이 되려면 총이나 사격, 사냥에 대한 지식도 갖추는 것이 좋다.

물론 '영화, 애니메이션, 게임' 등에서 총이 많이 등장하지만 단지 오락거리의 소재로서 접할 뿐이다. 이런 소재에 국한한 총이 아니라, 국제인으로서 갖춰야 할 총에 관한 교양을 알리고 싶다는 의도에서 이 책을 집필했다.

차 례

머리말 총기는 근대와 함께 등장한 과학 기술의 산파   4

PART 1
총이란 무엇인가?

1-01	한자로 본 총의 의미	12
1-02	총과 포의 구분	14
1-03	'포'의 의미와 용도	16
1-04	소화기와 중화기	18
1-05	라이플의 진짜 정체	20
1-06	권총의 정체	22
1-07	소총의 유래	24
1-08	기병총과 보병총	26
1-09	기관총의 정의	28
1-10	서브 머신 건	30
1-11	산탄총	32
1-12	공기총	34
1-13	미국에서 주로 사용하는 단위	36
🔫	사냥은 국제인의 필수 교양	38

PART 2
총의 역사

2-01	화약의 발명	40
2-02	화기의 발명	42
2-03	화승총의 등장	44
2-04	포르투갈인이 전한 철포	46
2-05	수석총의 등장	48
2-06	뇌관의 발명	50
2-07	라이플과 미니에탄의 발명	52
2-08	리볼버의 발명	54
2-09	후장식 총의 발명	56
2-10	연발총의 등장	58
2-11	기관총의 등장	60

2-12 서브 머신 건의 등장   62

2-13 자동소총의 등장   64

2-14 돌격소총의 등장   66

2-15 소구경 고속탄 시대   68

2-16 89식 소총   70

🔫 중국군의 95식 소총   72

PART 3

탄약

3-01 발사약으로 쓸 수 없는 폭약   74

3-02 발사약의 연소 속도   76

3-03 발사약의 적절한 연소 속도   78

3-04 흑색화약   80

3-05 무연화약   82

3-06 실탄   84

3-07 뇌관 이야기   86

3-08 탄피 재질   88

3-09 탄피 형태(1)   90

3-10 탄피 형태(2)   92

3-11 탄환 형태(1)   94

3-12 탄환 형태(2)   96

3-13 탄환 재질   98

3-14 탄환 구조(1)   100

3-15 탄환 구조(2)   102

3-16 탄환 구조(3)   104

3-17 공포탄과 의제탄   106

3-18 구경 표시 방법   108

3-19 매그넘의 크기   110

🔫 유럽식 구경 표시   112

PART 4

**권총과
서브 머신 건**

4-01 리볼버 장전 방식   114

4-02 리볼버 격철을 젖히는 방식   116

4-03 자동 권총   118

4-04 더블 액션 자동 권총   120

4-05 리볼버와 오토매틱   122

4-06	권총의 명중률	124
4-07	자동 권총의 작동 방법	126
4-08	서브 머신 건의 격발 방식	128
4-09	명중률을 중시한 MP5	130
🔫	권총, 서브 머신 건도 경량 고속탄 시대?	132

PART 5
라이플

5-01	볼트 액션	134
5-02	자동소총	136
5-03	레버 액션	138
5-04	강선 가공법	140
5-05	강선의 전도	142
5-06	명중률이 높은 총신의 조건	144
5-07	연소 가스를 이용한 작동	146
🔫	소염제퇴기란?	148

PART 6
기관총

6-01	중기관총과 경기관총	150
6-02	분대 기관총과 중대 기관총	152
6-03	대구경 기관총	154
6-04	기관총의 급탄 방식	156
6-05	다양한 급탄 방식	158
6-06	수랭식과 공랭식, 총신 교환식	160
🔫	쿡 오프	162

PART 7
탄도

7-01	총신과 압력(강압)	164
7-02	강압 곡선	166
7-03	탄환의 초속	168
7-04	총신 길이와 탄환 속도	170
7-05	강외탄도	172
7-06	탄환의 운동 에너지	174
7-07	탄환 속도와 사정거리	176
7-08	탄도와 가늠자 눈금	178
🔫	최근에 12.7mm 저격총이 인기가 많은 이유	180

PART 8

산탄총

8-01	산탄 장탄의 구조	182
8-02	산탄총의 구경 표시 방법	184
8-03	산탄의 재질과 규격	186
8-04	산탄 탄피의 길이	188
8-05	초크와 패턴	190
8-06	산탄 속도와 사정거리	192
8-07	클레이 사격	194
8-08	산탄총의 '조준'	196
8-09	슬러그와 슬러그 총신	198
8-10	수평쌍대와 상하쌍대	200
8-11	자동총과 슬라이드 액션총	202
	하프 라이플링 총신과 사보 슬러그	204

PART 9

총상

9-01	총상의 기본	206
9-02	총상의 형태	208
9-03	곡선형 총상과 직선형 총상	210
9-04	경기용 라이플의 그립	212
9-05	사냥총의 그립	214
9-06	캐스트 오프	216
9-07	버트 플레이트	218
9-08	렝스 오브 풀과 피치 다운	220
9-09	콤과 치크 피스	222
9-10	포엔드	224
9-11	핸드 가드	226
9-12	최고의 총상 재료는 호두나무	228
9-13	합판, 플라스틱, 금속	230
	라이플 사격은 여성에 유리하다	232

참고 문헌	233
찾아보기	234

일러두기

• [ ] 안에 있는 글은 옮긴이 주입니다.

PART 1

총이란 무엇인가?

1-01 한자로 본 총의 의미

총이란 도끼에 자루를 끼우는 구멍을 뜻한다

중국에서 화약이 발명된 후, 동아시아에서는 화포 같은 무기가 발전했다. 고려는 우왕 3년(1377년)에 화통도감이라는 관청에서 처음 포를 만들었다. 조선 초까지는 중국의 포를 모방해 만들다가, 세종 29년(1447년)에 화기의 성능을 크게 끌어올렸다. 이때 포를 크기별로 구분했는데, 크기순으로 이름을 나열해보면 장군화통, 일총통, 총통완구, 철신포 등이 있다.

명종 10년(1555년)에는 포의 종류를 더욱 늘렸고, 포의 성능도 갈수록 좋아졌다. 포의 이름을 보면 총(銃)이란 단어를 붙였음을 알 수 있다. 총은 원래 무슨 뜻일까. 총의 한자를 보면 '도끼에 자루를 끼우는 구멍'을 뜻한다. 즉 철에 뚫린 구멍이다.

일본과 중국은 총이란 단어를 잘 쓰지 않았다. 일본은 1543년에 포르투갈인이 전해준 철포, 즉 아쿼버스(arquebus)를 아루카부스(阿瑠賀放至)라고 음차해 부르다가 곧바로 뎃포[鐵砲. 철포의 일본식 발음]라고 번역했다.

이는 중국의 원(元)나라가 일본의 가마쿠라 시대(1185년~1333년) 때 철포(鐵炮)라는 화약 병기를 사용해 일본인을 놀라게 했던 일을 떠올려 지은 이름이라고 추측된다. 하지만 당시 원나라 군대가 사용한 철포는 오늘날의 수류탄과 유사한 무기로 철포와는 다른 무기였다.

이후 철포는 센고쿠 시대[15세기 말부터 16세기 말]로 접어들면서 급속히 보급됐지만, 총이라는 표현은 에도 시대(1603년~1867년) 중반까지도 사용하지 않았다. 반면에 조선은 화약 힘으로 탄환을 발사하는 장치를 총통이라고 불렀다. 임진왜란 당시에 일본의 화승총(火繩銃)을 '왜의 조총'이라고 부르기도 했다.

중국에서 철포를 총으로 부른 예는 고문서에 조금 나올 뿐 극히 드물다. 중국어로 철포, 즉 총은 치앙(枪)이며 기관총은 지치앙(机枪), 권총은 서우치앙(手枪)이다. 따라서 총이란 단어는 조선에서 사용하던 말인 듯하다. 일본에는 에도 시대 때 전파된 것으로 보인다.

칠성총(왼쪽)과 십안총(오른쪽). 이처럼 중국에서 '총'이라는 글자를 사용하는 예는 고문서에 조금 남아 있을 뿐이고, 일반적으로 '총'이라는 말을 사용하지 않는다. 출처: 무비제승(武備制勝)

중국의 56식 소총. 중국어로 철포는 枪(치앙)이다.

1-02 총과 포의 구분

20mm 기관포와 20mm 기관총의 차이는?

오늘날에는 혼자서 손으로 운반할 수 있을 정도로 작으면 '총'이고 트럭으로 끌어야 할 정도로 크면 포(砲)라고 인식하는 경향이 강하다. 하지만 예전에는 총과 포를 구별하지 않았다. 예를 들어 조선 세종 때 만든 길이 40cm짜리 화기를 철신포라고 불렀고, 길이 73cm짜리 화기를 일총통이라고 불렀다. 병사가 소지하는 라이플(rifle)을 '소총'이라 부르는 이유는 대포에 비해 작기 때문이다. 총과 포를 구분한다는 말인데, 그 기준은 무엇일까.

결론부터 말하자면 구경 20mm 이상은 포로 분류한다. 구경이 20mm보다 작으면 총, 크면 포로 부른다는 말이다. 그런데 사실 엄밀히 따지면 구경 20mm을 넘는다고 모두 포라고 단정할 수만도 없다. 대전차 화기인 무반동총은 구경이 90mm 또는 106mm인데 포가 아닌 총으로 불린다. 이와 관련해서 강선 유무, 직사 가능 여부 등의 여러 이유를 대기는 하지만, 명쾌한 설명은 아니다.

일본 자위대의 96식 40mm 자동 척탄총도 크기가 12.7mm 기관총과 비슷하지만, 구경만 보면 총이라고 하기에 크다. 또 선박에서 밧줄을 날릴 때 사용하는 총 중에는 구경이 63mm나 되는 것이 있다. 이처럼 총과 포를 구분하는 기준이 명확하지 않은 이유는 화기가 새롭게 발명될 때마다 기존 용어를 그대로 가져다 썼기 때문이다. 용어 사용이 혼란스럽지만, 구경 20mm를 기준으로 총과 포를 구분하고 화기 종류에 따라 몇 가지 예외를 두는 게 그나마 현실적이다.

자위대의 96식 40mm 자동 척탄총. 구경이 40mm지만 '총'이라고 부른다.

중국이나 러시아에서 사용하는 14.5mm 기관총. 상당히 크지만 '총'이다.

1-03 '포'의 의미와 용도
손으로 들고 쏘는 포, 차량으로 운반하는 포가 있다

砲(포)라는 한자는 오른쪽 그림처럼 돌을 날리는 공성 전용 기계를 의미한다. 서양에도 캐터펄트(catapult)라는 투석기가 있었다. 중국에서는 이것과 구분해 화약을 사용해 탄환을 날리는 무기는 불 화(火) 자 변의 炮(포)라는 한자를 사용한다. 예를 들어 곡사포는 한자 표기가 曲射砲이지만, 중국어 표기는 曲射炮다.

어쨌든 포는 원래 공성 전용 투석기를 의미하므로, 클 것 같다는 생각이 먼저 든다. 그러나 앞서 설명했듯이 구경만으로 구별하기에는 어려움이 따른다. 손으로 들고 쏘면 총이고, 고정해서 쏘면 포라는 등식도 성립하지 않는다. 84mm 무반동포(한국에서는 무반동총)는 어깨에 걸쳐서 쏘고, 러시아의 기관총 중에는 차량 이동뿐만 아니라 대포처럼 방순(防楯)까지 달린 종류도 있다. 이런 기관총은 84mm 무반동포보다 무겁다.

또한 탄환의 폭발 여부로도 총과 포를 구별할 수 없다. 권총이나 소총의 탄환 중에는 폭발하는 것이 있고, 관통력이 중요한 대전차용 철갑탄처럼 폭약 없이 금속 덩어리로 이뤄진 것도 있다.

사정거리로도 구별할 수 없다. 앞서 말한 84mm 무반동포의 최대 사정거리는 3km 정도지만 12.7mm 기관총은 6km나 된다.

따라서 총과 포를 명확히 구별하는 방법은 없으며 '○○총'이라고 부르면 총이고 '××포'라고 부르면 포라고 생각하는 게 좋다.

포란 원래 투석기를 의미한다.

어깨에 걸쳐서 쏘는 84mm 무반동포

구경 7.62mm(일반적인 보병총과 같은 구경) 기관총이지만 대포처럼 바퀴와 방순이 있다.

소화기와 중화기

박격포나 무반동포는 중화기일까?

건(gun)은 원래 화약의 힘으로 탄환을 발사하는 무기를 의미하지만, 레이저 건처럼 화약이나 탄환이 없는 무기도 건이라고 부른다. 그래서 화약을 사용해 탄환을 발사하는 무기를 별도로 화기(火器, fire arms)라고 한다.

건은 좁은 의미로 대포의 일종이다. 프랑스어로 카농(canon)이라고 하며 포신이 길고 탄환 속도가 빠른 종류를 의미한다. 소총, 권총, 기관총 등 소형 화기는 소화기(小火器, small arms)라고 하고, 대포 같은 대형 화기는 중화기(重火器)라고 한다. 영어로 heavy arms라고는 하지 않는다. 영어로 대포는 artillery인데 통상 중화기를 뜻한다.

군이 중화기라는 의미에 맞는 말을 찾는다면 heavy weapon이 적당하지만, 이 단어 또한 명확한 정의는 불분명하다. 헤비 웨폰은 일반적으로 국제 분쟁이 발생해 병력 분리 협정 등을 체결할 때 전차나 포병대용 대포, 대지(對地) 미사일 등을 지칭한다. 보병 부대의 무반동포나 박격포, 대전차 로켓 등은 경화기(輕火器, light weapon)로 분류한다. 하지만 이 또한 세계 공통이 아니며 개별 협정마다 정의해야 한다.

이 정도 크기라면 명백히 '중화기'지만 박격포나 무반동포, 대전차 미사일 등은 '경화기'와 '중화기'의 분류 기준이 명확하지 않다.

박격포

대전차 미사일

1-05 라이플의 진짜 정체

원래 '강선'을 의미한다

라이플은 원래 총의 종류가 아니라 총신 내부의 길이에 맞게 한 바퀴 정도 나선형으로 패인 홈을 의미하며 강선(腔綫)이라고 한다.

이처럼 총강(銃腔)에는 나선 홈이 여러 갈래로 패어 있기 때문에 단면이 둥글지 않고 톱니바퀴 모양이다. 구경 7.62mm를 예로 들면 홈 깊이는 0.1mm이고 탄환 직경은 7.82mm다. 탄환은 탄약 폭발로 생기는 압력에 의해 강선을 파고들며 회전한다. 화승총 시대의 볼(ball) 모양 탄환과는 달리 오늘날의 도토리 모양 탄환은 회전하지 않으면 탄환의 앞부분이 진행 방향으로 고정돼 날아가지 않는다.

강선은 소총뿐만 아니라 권총이나 기관총에도 있고 대포에도 있다. 따라서 엄밀히 말해 소총을 라이플이라고 하는 것은 잘못이지만, 미국에서는 통상 소총을 라이플이라고 한다. 왜냐하면 라이플 소총(라이플드 머스킷. rifled musket)이 일반적이지 않았던 미국 독립전쟁 당시, 라이플 소총을 보유한 미국 독립군 민병이 라이플이 없는 소총으로 무장한 영국군을 상당히 괴롭혔다는 전적을 기리는 의미도 있기 때문이다. 그래서 미국에서는 강선을 별도로 라이플링(rifling)이라고 한다.

라이플은 원래 총신에 패인 나선형의 홈을 말한다. 대포에는 많은 홈이 파여 있는데, 소총이나 권총 등 소화기에는 홈 4~6개가 일반적이다.

라이플 유무의 차이

라이플이 없는 총신에서 발사한 탄환은 회전하지 않고 날아간다.

라이플이 있는 총신에서 발사한 탄환은 회전력으로 탄환 앞부분이 진행 방향을 가리키며 날아간다. 또한 회전하는 탄환의 앞부분은 세차운동[회전하는 물체의 회전축이 움직이지 않는 어떤 축의 둘레를 회전하는 현상] 때문에 탄도의 축선에 완전히 일치하지 않고 흔들린다.

권총의 정체

한 손으로 겨눌 수 있다면 권총이다

권총은 기본적으로 한 손으로 발사할 수 있게 만든 총으로 어깨에 지탱할 수 있는 개머리판이 없는 짧은 총을 말한다. 옵션으로 개머리판을 착탈할 수 있는 총도 있지만, 일단 한 손으로 겨눌 수 있다면 권총이다.

화승총은 어깨에 지탱하는 개머리판이 없지만, 양손으로 겨누기 때문에 권총이 아니다. 다만 짧은 화승총은 한 손으로 겨눌 수도 있지만, 길이에 따라 권총인지 아닌지를 정하는 규정은 없다. 가끔 단총(短銃)이라는 말도 들을 수 있는데, 권총 또는 권총처럼 짧은 총이라는 의미로 사용될 뿐이고 명확한 개념은 아니다.

권총은 영어로 피스톨(pistol)인데 그 발음이 독일어 피스토러(pistole), 프랑스어 피스토레(pistolet)와도 유사하다. 중세 이탈리아의 피스토이아(Pistoia) 마을에서 제조해 붙여진 이름이라는 설과 체코어로 피리 또는 파이프를 의미하는 피슈짤라(píšťala)가 기원이라는 설이 있지만, 모두 정확하지는 않다.

현재 미국에서는 권총을 핸드 건(hand gun)이라고 부르며 피스톨, 리볼버(revolver. 회전식 권총)와 구별한다. 피스톨의 정의는 '총신 하나에 약실 하나'로 이뤄진 권총인데 일반인이 들어서는 그 의미를 파악하기 힘들다.(이후 설명하겠다.) 어쩌면 이런 정의를 내린 사람은 피스톨이 리볼버와 다르다는 점을 강조하고 싶었던 모양이다.

옆 그림의 상단은 개머리판이 착탈식이지만 기본적으로 한 손에 들고 겨눌 수 있는 구조이기 때문에 권총이다. 하지만 하단은 구조적으로 어깨로 지탱해 겨누는 자세를 취하게끔 만들어졌기 때문에 숄더 웨폰(shoulder weapon)이다.

숄더 웨폰은 많이 사용되는 단어가 아니지만 핸드 건과 구별하기 위한 용어다. 소총, 기관총, 서브 머신 건, 산탄총 등 어깨로 지탱해 겨누거나 이동할 때 어깨에 메야 하는 크기의 총을 의미한다.

권총과 숄더 웨폰의 차이

모양은 똑같지만 위는 권총, 아래는 숄더 웨폰이다.

1-07 소총의 유래
대총이 사라지고 소총이 남았다

앞서 이야기했지만, 옛날에는 총과 포를 구별하지 않았다. 현재는 라이플을 소총(小銃)이라고 부르는데, 이는 일본에서 쓰던 단어다. 일본에서는 대포를 대총(大銃), 혼자 들고 이동할 수 있는 작은 총을 소총이라고 불렀다. 그러다가 메이지 시대에 큰 총을 포(砲)라고 불렀다. 오늘날 대총은 사어(死語)가 되고 소총만 남았다. 이후 기관총 등 새로운 종류의 작은 총이 등장했지만, 소총과는 별개로 취급했다. 그래서 소총은 병사가 일반적으로 소지하는 개인용 총이라는 의미로 정착됐다.

왜 병사가 사용하는 총만 소총이고 민간인이 사냥할 때 사용하는 총은 소총이 아닐까? 원래라면 사냥을 위한 엽총도 소총이며 사냥용 소총이라는 말도 있다. 일본에는 엽총을 만드는 회사 중에 '○○ 소총기 제작소'라는 이름의 오래된 곳도 있다. 필자는 민간용 총도 소총에 포함해야 한다고 생각하지만, 일본 경찰은 소총을 군대 무기로 규정하고 민간용 총은 '엽총'이라고 정의한다. 민간용 총을 소총의 범주에 넣지 않는 이유는 '민간인이 무기를 보유해서는 안 된다.'라는 일본 특유의 사고방식 때문이며 다른 나라에서는 이런 구별법이 없다. 예를 들어 구일본군이 사용한 99식 소총은 사냥용 라이플로 소지를 허용했지만 '99식 소총'으로 신고하면 허가가 안 나고 '타입99 라이플'로 신고해야 허가를 받을 수 있다. 민간인이 '무기'를 가져서는 안 된다는 사고방식 때문에 '소총은 무기이고 엽총은 무기가 아니다.'라는 식으로 이치에 맞지 않는 구별을 하게 된 것이다.

구경 8cm 대총 사진: 쓰치우라(土浦)시 박물관

마우저(Mauser) Kar98k 소총. 일본에서 엽총으로 합법적인 소지가 가능하지만, 신청 서류에 '소총'이라고 기재하면 허가받을 수 없다.

기병총과 보병총

오늘날에는 보병이 기병총을 사용한다

소총은 영어로 머스킷이고 미국식 영어로는 라이플이다. 프랑스어로 퓌질(fusil), 독일어로 게베어(gewehr), 중국어로 부치앙(步枪)이다. 이는 취급하는 사람이 병사든 사냥꾼이든 상관없다. 옛날 보병용 소총은 말에 탄 적을 총검으로 찌르기 위해서 길게 제작했다. 이에 비해 기병용 총은 말 위에서도 편리하게 사용할 수 있도록 짧았다. 영어로는 카빈(carbine)이고 독일어로는 카비너(karbiner)라고 하는데, 둘 다 프랑스어 카라빈(carabine)에서 비롯했다고 한다. 중국어로는 치치앙(骑枪), 일본어로는 기헤이쥬(騎兵銃) 혹은 기쥬(騎銃)라고 한다.

특히 일본에서는 38식 보병총처럼 보병이 사용하는 총을 특히 보병총이라도 한다. 유럽이나 미국에도 보병대 소총(infantry rifle)이라는 용어는 있지만, 보통 총의 명칭에는 'M○○ infantry rifle'과 같은 표현은 없고 'M○○ rifle'로 표기한다. 그리고 musket, rifle, fusil, gewehr 등을 번역할 때 '보병총' 또는 '소총'이라고 할지, 아니면 단순히 '총'이라고만 할지는 그 단어가 어떤 상황에서 사용되는지에 따라 달라진다.

옛날 보병총은 기병을 공격할 수 있도록 길게 제작했지만, 기병을 총검으로 제압하기 어려워지자 보병총도 기병총처럼 짧아졌다. 하지만 그 명칭은 변하지 않고 musket, rifle, fusil, gewehr 그대로 쓰인다. 오늘날에는 더 짧은 총도 등장했는데, 이를 통상 카빈이라고 부르고 보병이 사용한다.

일반적으로 보병총을 짧게 제작한 것을 카빈이라고 부른다. 위는 M16 라이플, 아래는 그것을 작게 제작한 M4 카빈이다.

위는 제2차 세계대전 중 독일군이 사용한 마우저 Kar98 카빈(Kar98k)이다. 제1차 세계대전 중에 사용한 G98 보병총보다 짧아서 카빈이라고 부르지만, 일반 보병이 사용했다. 아래는 제2차 세계대전 이후 서독이 사용한 G3로 마우저 Kar98 카빈보다 짧지만 gewehr, 즉 보병총이다.

1-09 기관총의 정의

연속으로 발사할 수 있으면 기관총인가?

방아쇠를 당겼을 때 '다다다다다' 소리를 내며 총알이 연속으로 발사되면 전자동(풀 오토매틱), 방아쇠를 당길 때마다 한 발씩 발사되면 반자동(세미 오토매틱)이라고 한다. '전자동 총=기관총'은 아니다. 오늘날에는 일반 보병이 소지하는 소총에도 전자동 기능이 있기 때문이다.

소총이 전자동이라고 해도 기관총의 역할을 대신할 수는 없다. 소총은 병사가 들고 자유롭게 뛸 수 있도록 3~4kg 무게로 제작된다. 소총으로 전자동 사격을 하면 그 반동으로 총이 덜덜거리며 크게 요동치기 때문에 목표물을 향해 계속 사격할 수 없다.

소총에 전자동 기능이 있는 이유는 다음과 같다. 시가전을 펼칠 때, 갑자기 전방에 적이 나타나면 겨냥해 쏠 여유가 없고 근거리에서 총알을 퍼부어야 한다. 원거리에서 전자동으로 사격하면 목표물에 명중할 가능성은 극히 낮다. 총신이 금세 뜨거워진다는 문제도 있다.

반면 기관총은 경기관총도 무게가 10kg 내외이며 수백 미터 떨어진 목표도 명중시킬 수 있다. 중기관총은 무게가 수십 킬로그램이나 되며 1,000m 떨어진 목표도 맞힐 수 있다.

미군은 미니미(Minimi)라는 총기를 사용하는데 대다수 국가에서 기관총이라고 부른다. 하지만 미군은 분대 지원 화기로 분류한다. 미군은 혼자서 사용하는 총을 기관총으로 부르지 않는 듯하다.

기관총은 원래 투박하게 생겼다.

'미니미'는 많은 나라에서 '기관총'으로 취급하지만, 미군은 기관총이라고 하지 않고 '분대 지원 화기'라고 한다.

서브 머신 건

기관단총? 기관권총? 무엇이 맞을까?

서브 머신 건(sub-machine gun)은 소총을 짧게 제작해 권총탄을 사용하는 전자동 총기다. 독일어로는 마슈넌 피스토러(maschinen pistole), 프랑스어로는 피스토레 미트레일러(pistolet mitrailleur)이며 중국어로는 총펑치앙(沖锋枪)이라고 한다.

기관단총(機関短銃) 또는 기관권총(機関拳銃)이라는 표현도 있지만 모두 같은 의미다. 기관권총이 기관단총보다 작다는 구별법은 없다. 다만 영어로 머신 피스톨(machine pistol)은 전자동 기능을 가진 권총을 의미한다. 오늘날에는 소총으로 전자동 사격을 할 수 있지만, 반동이 크기 때문에 일반적으로 한 발씩 겨냥해 쏜다.

하지만 서브 머신 건은 전자동 사격이 기본이다. 권총용 총알은 소총용 총알에 비해 화약을 4분의 1 또는 6분의 1 수준만 사용하기 때문에 전자동 사격을 해도 비교적 안정적이다. 반면 권총용 총알이므로 위력적이지 못하고 원거리전에서는 명중률도 떨어진다. 시가전이나 정글전 등 근거리전에 적합한 총이다.

위력적이지 않지만, 권총용 총알을 사용하기 때문에 구조는 간단하다. 그래서 예상하지 못한 큰 전쟁이 벌어져 단시간에 많은 총을 생산해야 할 때 유리하다. 예를 들어 제2차 세계대전에서 미군이 사용한 M3 서브 머신 건은 '이게 진짜 총이야?'라고 할 정도로 간단한 구조라서 일주일에 8,000 정이나 생산할 수 있었다.

러시아 기관총의 탄환과 서브 머신 건의 탄환. 화약의 양이 6배나 차이 난다.

이스라엘의 Uzi(우지)는 대표적인 서브 머신 건이다.

1-11 산탄총

산탄총의 유효 사정거리는 한정적이다

산탄총은 문자 그대로 좁쌀처럼 작은 탄환, 즉 산탄을 한꺼번에 발사하는 총이다. 나는 새를 잡는 데 적합하며 클레이 사격(clay target shooting)에도 이용한다.

산탄 크기는 직경 1mm부터 8mm 내외까지 용도별로 다양하다. 참새처럼 작은 새는 2mm, 오리라면 3mm 정도를 사용하지만 여우 같은 동물에는 5~6mm, 사슴이나 멧돼지에는 8mm 전후를 사용한다. 미국 경찰이 산탄총을 많이 사용하는데, 일반적으로 8.3mm 산탄이 9개 들어 있다.

구경은 다양하지만, 사냥용으로 가장 많이 보급된 12번(구경 18.5mm)을 예로 들면 표준 장탄 시 산탄이 32g 들어간다. 이 무게라면 직경 1.5mm 산탄 1,525개, 직경 3mm 산탄 213개, 직경 4mm 산탄 87개가 들어간다.

발사할 때 산탄이 흩어지는 정도는 5m 거리에서 10cm, 10m에서 20cm, 20m에서 40cm, 30m에서 70cm 내외다.(총신이나 장탄의 종류에 따라 다소 차이 남)

산탄총은 탄환이 흩어지기 때문에 대충 겨냥해도 맞힐 수 있다고 생각하지만, 근거리에서는 탄환이 별로 흩어지지 않기 때문에 잘 겨냥하지 않으면 명중시키기 어렵다. 반대로 원거리일수록 탄환이 심하게 흩어져서 그 사이로 새가 빠져나갈 수도 있다. 이 때문에 산탄총의 유효 사정거리는 30~50m로 한정적이다.

산탄총의 탄피는 수많은 산탄이 들어 있기 때문에 크다. 빨간색 산탄 탄피 아래에 있는 라이플 실탄은 5.56mm 소총탄이다.

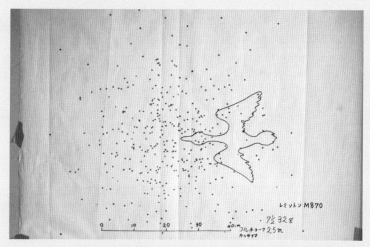

풀 초크(190쪽 참고) 산탄총(레밍턴 M870)으로 7호반(2.41mm) 산탄 32g을 25m 거리에서 발사했을 때 산탄이 흩어진 모양이다.

공기총

화약이 없어 경제적이지만 위력은 떨어진다

공기총에는 '스프링' '펌프' '프리차지' '고압가스' 방식이 있다. 스프링 방식은 실린더 내 공기를 압축해서 발사하는 방식으로 한 발 쏠 때마다 피스톤의 용수철을 수동으로 압축해야 하며, 방아쇠를 당기면 용수철이 튕기면서 피스톤을 밀어내 탄환이 발사된다.

펌프 방식은 총의 일부가 수동 펌프로 만들어져 손으로 레버를 몇 차례 철컥철컥 움직이면 공기가 압축된다. 방아쇠를 당기면 압축 공기가 탄환을 발사한다. 펌프 횟수가 많을수록 압력이 높아져 탄환 속도가 빠르고 위력도 크지만, 그만큼 펌프할 때 큰 힘이 필요하다.

프리차지 방식은 탱크를 총에 장착해서 외부의 공기를 고압으로 저장해 둔다. 고압가스 방식은 구명조끼를 부풀리는 데 사용하는 작은 이산화탄소 카트리지를 이용해 발사한다. 펌프 방식으로 치면 6~7회 펌프한 위력을 지니며 카트리지 1~2개당 20~30발 발사할 수 있는데 프리차지 방식에 비해 위력은 떨어진다.

어떤 방식이든 화약의 힘으로 탄약을 발사하는 '장약 총포'에 비하면 위력이 현저히 떨어진다. 하지만 자동차 창문을 관통할 정도로 강력한 공기총도 있기 때문에 장난감으로 생각해서는 안 된다. 공기총을 보유할 때도 화약총과 마찬가지로 법률상 허가를 받아야 한다. 공기총의 구경은 4.5mm, 5mm, 5.5mm가 주류이며 6.35mm가 극소수 있고 그 외 구경도 있다.

위는 고압가스 방식을 쓴 호와 55G, 아래는 펌프 방식을 쓴 샤프 이노바(Sharp Innova)

고압가스 방식에 사용되는 이산화탄소 카트리지와 공기 총탄. 왼쪽부터 4.5mm, 5mm, 5.5mm, 6.35mm의 탄환이다.

1-13 미국에서 주로 사용하는 단위

미국은 왜 인치나 파운드를 사용할까?

총에 관한 정보를 찾다 보면 출처가 미국인 경우가 많다. 그런데 미국에서는 길이를 인치(inch), 피트(feet), 야드(yard) 등의 단위로 표시하고 거리는 마일(mile)을 사용한다. 무게는 온스(ounce) 또는 파운드(pound), 부피는 쿼터(quarter)나 갤런(gallon)을 쓴다. 세상에 이런 단위를 사용하는 나라는 미국과 라이베리아 정도다.

세계적으로는 미터법(정확히는 미터법에서 발전한 SI 단위계) 사용을 권고하고 있어 미국 정부도 공문서에는 킬로그램(kg)이나 밀리미터(mm) 단위를 사용한다. 이는 정부 공문서나 학술 문서에만 해당하며 일반적으로 미터법을 널리 사용하지 않는다. 정부가 민간에 강제하는 것은 자유와 민주주의에 반한다고 여기기 때문이다.

그래서 미국 정부는 민간 기업에 '밀리미터 단위의 볼트나 너트로 차를 만들라'는 식으로 강제하지 않는다. 기업도 소비자가 인치 단위로 만든 제품에 대해 불매 운동을 하지 않는 이상 바꿀 생각이 없다.

이런 이유로 미국 출처의 정보를 살펴볼 때는 미국 특유의 단위에 적응해야 한다. 여기서 총기와 관련한 일반적인 단위를 설명하겠다.

1인치(in)=25.44mm

엄지손가락 폭에서 유래했다. 구경 0.38인치는 9.6mm, 총신 26인치는 66cm다.

1피트(ft)＝12인치＝304.8mm

발바닥 길이에서 유래했다. 총알 발사 속도 2,700ft/s는 822.96m/s다.

1야드(yd)＝914.4mm

양손을 폈을 때의 폭에서 유래했다. 사정거리 300야드는 274m다.

1그레인(gr)＝0.0648g

밀 한 톨의 무게에서 유래했다. 50그레인은 3.2g이다.

1파운드(lb)＝0.4536kg＝7,000그레인

파운드 기호가 lb인 이유는 고대의 리브라(libra)라는 단위에서 유래했기 때문이다.

1온스(oz)＝28.35g

16분의 1파운드다.

옛 문헌에는 산탄총 약량(藥量)을 드램(dr)이라는 단위로 표기한 예도 있다. 1드램은 16분의 1온스＝256분의 1파운드＝1.77g이다. 탄환의 운동 에너지는 '피트·파운드'(ft·lbf) 단위로 표기하는데, 단위당 1.356줄(J)에 해당하며 0.13826킬로그램중·미터(kgf·m)다.

사냥은 국제인의 필수 교양

옛날부터 사냥은 왕후나 귀족이 지녀야 할 소양이었다. 지금도 유럽이나 미국에서는 성숙한 사회인이 갖춰야 할 필수 교양이다. 미국은 인구 약 21명 중 1명이 사냥을 한다. 프랑스는 인구 51명 중 1명, 자연환경이 풍족하지 않은 스위스도 약 300명 중 1명이 사냥을 한다. 자연환경이 풍족한 핀란드는 인구 18명 중 1명이 사냥을 즐긴다. 이처럼 사냥은 유럽이나 미국에서는 일반적인 취미다.

사냥감을 요리한 음식을 지비에(gibier)라고 하는데, 서양 요리 중 한 분야이기도 하다. 국제인을 지향하면서 이런 것도 모른다면 부끄러운 일이다. 하지만 이런 지식을 접하는 일 자체가 쉽지 않다. 사냥 지식도 이 책에서 다루면 좋겠지만, 총과 사냥에 관한 내용을 책 한 권에 정리하기는 불가능하다. 그래서 부끄럽지만, 필자의 다른 책을 소개하겠다. 《스나이퍼 입문 - 슈팅 왕초보 강좌》라는 책인데, 제목만 보면 저격병 이야기가 담긴 듯하지만, 사냥 입문서다. 총 소지 절차, 사냥 면허 취득, 사격 연습, 사냥감의 종류와 생태, 사냥법, 포획물 해체 및 요리법 등 누가 가르쳐주지 않아도 책대로 따라 하면 되는 수준의 초보자용 안내서다.

총의 역사

화약의 발명

언제, 어디서, 누가 발명했나?

인류 최초의 화약은 초석(질산칼륨), 유황, 목탄을 혼합한 흑색화약이다. 20세기에 들어서 총탄이나 포탄을 발사하는 발사약인 무연화약이 쓰이기 전까지 수백 년간 흑색화약을 사용했다.

흑색화약을 언제 어디서 누가 발명했는지는 불명확하다. 흑색화약의 주성분인 초석은 중국의 한(韓)나라(B.C. 202년~A.D. 220년) 때부터 알고 있었지만, 그때는 한방약의 일종이었다. 하지만 어떤 병에 효과가 있는지에 대해서는 말이 없고, 신선이 되어 하늘을 나는 듯이 몸을 가볍게 한다는 괴상한 기록이 있을 뿐이다. 초석은 체내에서 발암물질로 바뀌기 때문에 대량으로 섭취하면 위험하다.

제갈공명(181년~234년)이 최초로 초석에 유황을 섞어 소이제(燒夷劑)로 사용했다는 설이 있지만 사실과 다르다. 실제로 소이제는 중국의 송(宋)나라(960년~1279년) 때 만들어졌다. 송나라 때 화약은 초석 배합이 적고 폭발력이 약했다는 기록이 있다. 그래서 발사약으로 사용하지 못하고 소이제로 활용했다. 즉 화약을 채운 용기를 투석기로 적진에 날려 보냈다.

유럽에서는 화약을 발명한 사람이 로저 베이컨(Roger Bacon. 1220년~1292년)이라는 설과 베르톨트 슈바르츠(Berthold Schwarz. 1310년~1384년)라는 설이 있지만 실은 아시아의 화약 제조법을 연구했을 뿐이며, 그들이 화약을 발명한 것은 아니다. 하지만 유럽에서도 옛날부터 초석의 존재를 알고 있었고, 햄이나 소시지의 부패 방지용으로 사용했다.

로저 베이컨(영국)

제갈공명(중국)

베르톨트 슈바르츠(독일)

이들이 '화약 발명가'라는 설이 있지만 사실이 아니다.

2-02 화기의 발명

가장 오래된 화기는 무엇인가?

금속 총신을 가지고 화약의 폭발력으로 금속 탄환을 발사하는 화기를 처음 만든 사람이 누구이고 언제 만들었는지는 명확하지 않다. 1200년대 초에 탄환을 발사하지는 않지만 종이로 만든 통에 화약을 채워 '화염 방사기'처럼 불을 내뿜어 적을 제압하는 비화창(飛火槍)이 있었다. 1259년에는 대나무 통으로 '화약 경단'을 발사하는 돌화창(突火槍)이 등장한다.

금속 통으로 탄환을 발사하는 무기는 1355년 초옥(焦玉)이라는 사람이 명(明)나라(1368년~1644년) 초대 황제인 주원장(朱元璋. 1328년~1398년)을 위해 만든 화룡창(火龍鎗)이 최초라고 알려졌으나, 1322년에 만들어진 화기가 발견돼 최근 중국 역사 박물관에 전시됐다. 또한 12세기 말에 만들어진 것으로 추정되는 서하동화포(西夏銅火砲)가 발굴되기도 했다.

중국에서 발명된 화약이 어떤 경로로 유럽에 전해졌는지 알 수 없으나 화룡창 발명 이전 돌화창부터 이미 유럽에 전파됐다. 기록에 따르면 화기는 영국과 프랑스가 벌인 백년전쟁 중 1346년 크레시 전투(Battle of Crécy) 때 처음 등장하지만, 구체적으로 어떤 것인지 알려진 바는 없다.

1300년경 마드파(madfa)라는 목제 화기가 존재했지만, 크레시 전투 때 사용한 것과 같은 것인지 금속으로 만든 것인지 등은 알지 못한다. 유럽에서 실물이 확인된 가장 오래된 화기는 1399년 완공한 타넨베르크(Tannenberg) 성터에서 발견됐다. 동으로 만들었으며 화룡창과 생김새가 유사하다.

화룡창과 마드파

중국에서 발명한 화룡창. 금속
통으로 탄환을 발사하는 세계
최초의 무기라고 알려졌다.

마드파. 유럽에서
사용한 목제 화기다.

화승총의 등장
서펀틴에서 매치 록으로 변화하다

화승총이나 마드파는 일단 적을 향해 탄환을 쏘는 게 우선이지 조준해서 명중시킬 수 있는 수준이 아니었다. 물론 조준을 해보겠다고 하면 앞쪽의 통이 목표물을 향하도록 장대 부분을 들면 된다. 그런데 발사하려면 불이 붙은 막대기나 노끈(화승)을 손에 들고 점화구에 갖다 대야 한다. 적을 조준하던 눈을 일단 점화구 쪽으로 돌려야 하는 것이다.

점화구를 보지 않고 불을 붙일 방법을 궁리하다가 서펀틴(serpentine)이라는 점화 방식을 발명했다. 이는 화승총의 원시적인 형태다. 초기에는 오른쪽 그림처럼 개머리판 부분이 막대 모양이었다가, 자세 잡기 편하도록 손잡이 부분이 아래쪽을 향하게 개선했다.

서펀틴 방식은 방아쇠를 당기는 동작이 커서 정확히 조준하기에는 한계가 있었다. 이를 타개하려고 새로운 방식이 등장했다. 점화를 일으키는 장치인 용두와 방아쇠가 개별 부품으로 구성돼 방아쇠를 당기면 용수철의 힘으로 용두가 점화구 위에 순간적으로 떨어지는 방식이다. 이를 매치 록(match lock)이라고 한다. 바로 화승총이라고 알려진 총이다.

이 방식은 방아쇠를 당길 때 손가락을 조금만 움직이면 되기 때문에 조준 시 흔들림이 적다. 정확한 조준을 위해 총신 앞에는 가늠쇠가, 뒤에는 가늠자가 장착돼 있다. 이를 언제, 누가 고안했는지 전혀 알 수 없지만 1450년~1500년경에 발명된 것으로 추측한다. 중국에서는 화룡창 이후 총을 개량하는 일이 없었다. 명나라 이후 정세가 안정됐기 때문이다.

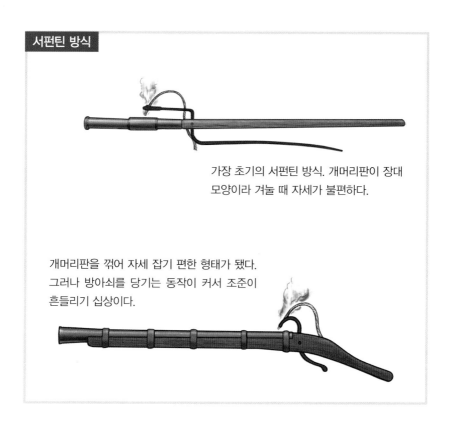

가장 초기의 서펀틴 방식. 개머리판이 장대
모양이라 겨눌 때 자세가 불편하다.

개머리판을 꺾어 자세 잡기 편한 형태가 됐다.
그러나 방아쇠를 당기는 동작이 커서 조준이
흔들리기 십상이다.

방아쇠와 용두가 분리돼 방아쇠를 당기면 용수철의 힘으로 용두가 쓰러지도록
개량한 화승총(매치 록). 작은 동작으로 방아쇠를 당기므로 명중률이 상승했다.

2-04 포르투갈인이 전한 철포

철포는 왜구가 들여왔다

일본에 철포가 전해진 시기는 1543년경이다. 당시 포르투갈인이 철포를 가지고 다네가시마로 들어왔다고 알려져 있다. 그런데 그 이전에 이미 류큐[지금의 오키나와]에 화룡창과 유사한 총이 있었는데, 류큐의 사신이 교토에 당도했을 때 예포를 울려 사람들이 놀랐다는 기록이 있다. 또 오닌의 난[1467년부터 1477년까지 계속된 일본 무로마치 시대의 내란으로 센고쿠 시대가 시작되는 계기가 됨] 때 이 화기가 사용됐다는 설도 있다.

당시 일본이 중국이나 조선과 교류했으므로 포르투갈인이 철포를 전하기 전에도 원시적인 화기가 들어와 있을 가능성도 충분히 있다. 그러나 다네가시마로 들어온 철포는 이전의 원시적인 화기와는 달리 가늘고 긴 총신에 가늠쇠와 가늠자가 있어 조준이 정확하고, 방아쇠를 당기면 발사되는 매치 록 방식으로 몇 차원 다른 발전된 기술이 적용된 총이다.

다네가시마에 포르투갈인이 철포를 전했다는 기록은 포르투갈 측에도 남아 있어 틀림없는 사실이지만, 포르투갈인을 데리고 온 사람은 왕직(王直)이라는 왜구(당시의 해적) 우두머리였다. 왜구니까 일본인으로 오해받을 수 있지만 실은 중국계(나가사키에 여관을 가지고 있었음)였다. 왕직은 일개 해적선 선장이 아니라 왜구 집단의 큰 두목 격으로 해상 왕국의 지배자로 군림했던 인물이다.

과연 이런 자가 철포를 가진 포르투갈인을 다네가시마에 데리고 온 게 우연일까? 어디까지나 상상이지만, 당시 명나라와 싸우던 왜구는 성능 좋은 철포를 다수 보유해야 했다. 그래서 왜구가 이용하기 편리했던 섬인 다네가시마에 계획적으로 철포를 들여왔던 것이다.

화승총 조작 순서

❶ 총구로 화약을 넣는다.

❷ 탄환을 넣는다.

❸ 화약 접시에 점화약을 붓는다.

❹ 화약 접시 덮개를 닫는다.

❺ 용두에 화승을 끼우고 화약 접시 덮개를 연다.

❻ 방아쇠를 당긴다. 용두가 쓰러져 점화약에 불이 붙는다.

수석총의 등장

일본은 왜 화승총에 머물렀나?

화승총을 사용하려면 불이 붙은 화승을 가지고 다녀야 했다. 그런데 그것을 꺼트리지 않도록 주의하는 것은 여간 힘든 일이 아니었다. 16세기에 부싯돌을 사용하는 방식이 등장했다. 처음에는 톱니바퀴처럼 미세한 돌기가 있는 원반을 용수철의 힘으로 회전시켜 부싯돌을 긁는 휠 록(wheel lock)이라는 방식이었다. 한 발 쏠 때마다 키를 꽂아서 용수철을 돌리는 구조였기 때문에 제조에 시간이 많이 들어 단가가 높았다. 결국 일부 고급 사냥총에만 사용되고, 일반 보병용으로 보급되지 못했다.

이후 다양한 부싯돌 점화 장치가 만들어졌지만 17세기에 이르러 최종적으로 플린트 록 방식(flint lock)이 보급됐다. 구조가 간단해 생산이 쉽고, 험하게 다뤄도 고장이 적어 일반 보병용 총은 물론이고 사냥용으로도 널리 보급됐다.

물론 이 방식에도 단점은 있었다. 부싯돌(수석)을 긁어 불꽃을 만들어야 했기 때문에 강력한 용수철을 사용했는데, 이 때문에 방아쇠를 당길 때 큰 힘이 필요했다. 게다가 부싯돌을 긁는 충격만으로도 총이 흔들려 화승총보다 명중률이 뛰어나지는 않았다.

일본에서도 에도 시대 때 수석총을 만드는 사람이 있었지만, 명중률만 따지면 방아쇠를 당길 때 별로 힘이 들지 않는 화승총이 우수했다. 에도 시대는 전쟁도 없고 평화로웠기 때문에 일본의 철포는 수석총이 아닌 화승총에서 멈췄다.

휠 록 방식. 쇠 톱니바퀴가 회전하면서 부싯돌을 긁어 불꽃을 만든다.

부싯돌   쇠붙이

플린트 록 방식. 부싯돌이 쇠붙이를 쳐서 생기는 불꽃으로 점화한다.

2-06 뇌관의 발명
발사 대기 시간이 사라졌다

뇌홍(雷汞. 뇌산제2수은)이라는 물질이 있다. 타격하거나 강하게 마찰하면 폭발하는 민감한 화약이다. 18세기 중반에 루이 15세의 군의관이 발명했다고 한다.

19세기 초기 알렉산더 존 포사이스(Alexander John Forsyth)라는 인물이 뇌홍을 총의 화약 접시 위에 올려놓고 격철(擊鐵)로 내리쳐 흑색화약에 불을 붙이는 방식을 발명했지만 그다지 보급되지 못했다. 뇌홍은 매우 민감해서 용기에 넣어 운반할 때 뇌홍끼리 마찰하면 폭발하기 때문에 안전상의 문제가 있었다.

사람들은 뇌홍을 어떻게 하면 안전하게 사용할 수 있을지 연구했다. 작은 탄환으로 만들기도 하고, 종이에 싸거나 금속 튜브에 넣는 등 다양한 방식이 고안됐다. 그러다 1822년 미국의 조슈아 쇼(Joshua Shaw)가 뇌홍을 작은 금속 용기에 넣은 뇌관(primer)을 발명하면서 최종적으로 보급됐다.(이보다 이전에 유럽에서 다른 사람이 발명했다는 설도 있음) 이후 점화구를 뇌관으로 덮어 격철로 내리쳐 발화하는 뇌관식 격발(percussion lock) 총이 빠른 속도로 보급됐다.

화승총이든 수석총이든 이전의 점화 장치는 화약 접시에서 총신 내부로 불이 번질 때까지 수십 분의 1초지만 시간이 걸렸다. 이 때문에 방아쇠를 당기고 탄환이 발사될 때까지 인간이 느낄 수 있을 정도의 시차가 있었지만, 뇌관을 사용해 그 차이를 없애버렸다. 또한 화약 접시 위에 화약을 올려놓는 방식은 비가 내리면 화약이 젖었지만, 뇌관식은 비의 영향을 전혀 받지 않았다.

뇌홍을 사용한 방식

점화구 위에 둥글게 반죽한 뇌홍을 놓고 격철로 내려친다.

점화구 위에 둥글게 반죽한 뇌홍을 놓고 격철로 내려쳐 점화하는 방식이다.

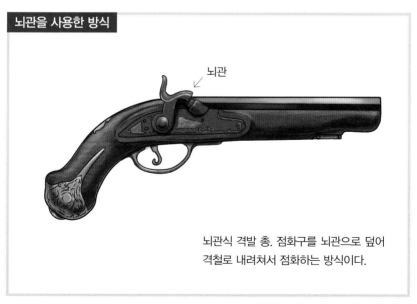

뇌관을 사용한 방식

뇌관

뇌관식 격발 총. 점화구를 뇌관으로 덮어 격철로 내려쳐서 점화하는 방식이다.

라이플과 미니에탄의 발명
총기 성능이 극적으로 향상하다

총신 내부를 완만히 선회하는 여러 갈래의 홈, 즉 라이플을 누가 발명했는지 알 수는 없지만, 화승총 시대부터 존재했다. 그런데 탄환이 회전하려면 탄환이 라이플에 꽉 맞물려야 한다. 당시 총은 총구로 화약과 탄환을 넣는 전장식(前裝式)이었다. 이런 전장식은 탄환을 라이플에 빈틈없이 맞물리게 넣기가 여간 힘든 일이 아니었다. 천이나 가죽을 싼 막대로 꾹꾹 두들겨 탄환을 밀어 넣어야 했다. 이렇게 시간을 허비하는 사이에 적들이 총검으로 달려들면 속수무책이다. 이 탓에 일부 고급 사냥총에만 라이플을 적용했을 뿐 군대에는 일부 특수한 임무가 부여된 병사 이외에 보급하지 않았다.

그러던 중 1849년 프랑스인 미니에(Claude-Étienne Minié)가 요즘과 같은 도토리형 탄환을 발명했다. 탄환 바닥에 구멍이 있고, 나무 마개로 구멍을 막은 형태다. 총구로 탄환을 넣고 강하게 누르면 이 마개가 구멍에 깊이 박히면서 탄환의 바닥을 넓히는 역할을 한다. 발사 시 화약의 가스압이 탄환을 추가로 팽창시켜 탄환이 라이플에 밀착된다. 이 발명으로 총의 명중률과 사정거리가 순식간에 3배나 향상했다.

19세기 초 나폴레옹 시대의 군대는 적 앞에서 밀집 대형으로 북소리에 맞춰 행진했는데, 이는 둥근 탄환의 명중률이 극히 낮았다는 방증이다. 그러나 미니에탄의 발명으로 군대의 전투 방식도 극적으로 변했다.

멧포드
(Metford) 방식

엔필드
(Enfield) 방식

라쳇
(Ratchet) 방식

폴리고날
(Polygonal) 방식

미니에탄

총구로 작은 탄환을 쉽게 넣을 수 있고, 마지막에 강하게 누르면 탄환 바닥
이 넓어진다.

화약이 폭발하면 가스압이 나무 마개를 누르고 탄환은 안쪽부터 팽창돼 라
이플에 밀착된다.

2-08 리볼버의 발명
6연발 총기가 출현하다

총신이 여러 개라면 몇 발이든 연속으로 쏠 수 있지만, 총이 무겁고 커지며 운반도 불편하다. 이런 이유로 총신은 하나지만 화약과 탄환을 넣는 곳인 약실(藥室. chamber)을 여러 개 뭉쳐 한 발씩 총신에 맞춰가며 발사하는 총이 고안됐다. 이렇게 회전식 약실이 여러 개인 총을 리볼버라고 한다. 그런데 화승식이나 부싯돌 점화 방식으로는 어차피 한 발 쏠 때마다 화약 접시에 점화약을 넣어야 했기 때문에 그다지 빠른 사격을 기대할 수는 없었다.

그러던 중 미국의 새뮤얼 콜트(Samuel Colt. 1814년~1862년)가 1830년경 퍼커션(percussion) 리볼버를 발명했다. 뇌관을 약실 뒤에 붙이면 되는 간단한 구조였다. 콜트가 발명한 리볼버는 격철을 젖힐 때 실린더(cylinder)도 약실 하나만큼 회전하기 때문에 방아쇠를 반복해서 당기면 연속으로 발사할 수 있다. 약실은 대개 6발분의 블록으로 구성돼 있는데 이를 실린더 블록(cylinder block)이라고 하지 않고 어째서인지 그냥 '실린더'라고 한다.

탄피(약협)가 발명되기 전의 리볼버는 6발 쏘고 나면 실린더 앞으로 화약과 탄환을 6발분 넣고 실린더 뒤로 뇌관 6개를 장착해야 하는 불편함이 있었지만, 어쨌든 6발 연속 사격이 가능한 총이 등장한 것이다. 이후 스미스 앤드 웨슨(Smith&Wesson)사가 금속 탄피를 이용한 리볼버를 발명했다.

새뮤얼 콜트가 발명한 퍼커션 리볼버

퍼커션 리볼버의 구조

화약과 탄환은 실린더
앞쪽에 넣는다.

뇌관은 실린더 뒤에
장착한다.

후장식 총의 발명
금속 탄피와 후장식 총이 등장하다

오른쪽 위 그림은 15세기에 제작된 불랑기포[佛狼機砲. 서양식 청동제 화포]라는 대포다. 약실 부분을 포신에 착탈할 수 있다. 불랑기포는 약실 부분을 몇 개 준비해서 교체하며 연속으로 발사했다. 하지만 이 방식은 사라지고 원시적인 전장식(前裝式) 대포가 19세기까지 주류였다.

불랑기포가 편리했음에도 불구하고 사라진 이유는 당시 정밀 가공 기술이 부족해 가스 누출을 막을 수 없었기 때문이다. 발사할 때마다 고압, 고온의 가스를 분출해서 화약을 많이 사용하는 강력한 대포를 만들 수가 없었다. 반면 전장식은 다량의 화약으로 강력하고 사정거리가 긴 대포를 만들 수 있었다.

이후 정밀 가공 기술이 발달하고 뇌관이 발명되면서 다양한 후장식(後裝式) 총이 개발됐지만 아무리 정밀하게 가공해도 연소 가스의 누출을 막을 수 없었다. 그러다가 금속 탄피가 발명되면서 판도가 변했다. 금속 탄피 안의 화약이 폭발하면 탄피에서 탄환이 분리되기 전에 화약의 연소 압력으로 탄피가 팽창하는데, 이때 약실이 밀폐돼 가스 누출을 막는 작용을 한다.

오른쪽 아래 그림은 영국의 전장식 엔필드 라이플(Enfield rifle)의 약실 부분에 개폐 블록과 뇌관을 때리기 위한 격침(擊針)을 장착해 후장식으로 개조한 것이다. 제이콥 스나이더(Jacob Snider)라는 사람이 고안한 것으로 스나이더 엔필드(Snider-Enfield)라고 부른다. 이 총은 1880년대부터 조선에 도입됐다고 알려져 있으며, 일본은 막부 말기에 수입했다.

불랑기포

불랑기포는 가스 누출 문제로 폐기됐다.

스나이더 라이플

이런 전장식 뇌관 격발총을

이렇게 폐쇄 블록을 장착해
후장식으로 개조했다.

2-10 연발총의 등장
수많은 시행착오를 거쳐 탄생하다

금속 탄피를 사용한 후장식 총에도 다양한 유형이 있는데, 오늘날까지 사용하는 방식은 중절식(中折式. break action), 볼트 액션(bolt action), 레버 액션(lever action), 슬라이드 액션(slide action) 등이 있다.(제5장 참고) 중절식 이외는 모두 연발총으로 발전했는데, 탄창에 실탄 몇 발을 수납해 수동 레버 조작으로 실탄을 탄창에서 약실로 보내는 방식을 쓴다. 이들 방식은 모두 19세기 중반에 완성됐다.

서부 영화에 자주 등장하는 레버 액션은 미국에서 사냥용으로 인기가 많았지만 볼트 액션만큼 강력한 탄환을 사용할 수 없고, 엎드려 쏴 자세에서는 조작이 불편했기에 군대에서 별로 선호하지 않았다. 슬라이드 액션도 엎드려 쏴 자세가 불편했고, 구조상 포엔드(fore-end)의 흔들림이 있어서 정밀 조준이 필요한 라이플보다는 산탄총에 많이 적용했다.

그래서 볼트 액션이 가장 많이 보급됐고, 전 세계 소총 중 대부분을 점했다. 일본이 청일전쟁(1894년~1895년) 때 사용한 무라다 총은 단발 볼트 액션이지만 탄창식인 '무라다 연발총'으로 개선되었고, 러일전쟁(1904년~1905년) 때는 무연화약을 사용한 '30년식'으로 개량됐으며 이후 '38식' 또는 '99식'으로 발전해 제2차 세계대전까지 사용했다. 일본뿐만 아니라 세계 대다수의 나라가 제2차 세계대전까지 볼트 액션 총을 사용했다. 제2차 세계대전 후 군대에서는 자동소총이 주류가 됐지만 저격총, 경기총, 사냥용 라이플은 지금도 볼트 액션이 주류다.

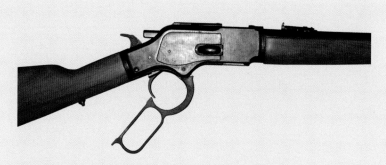

레버 액션 윈체스터(Winchester) M73

일본군이 사용한 볼트 액션 총인 99식 소총

2-11 기관총의 등장
단 50년 만에 머리조차 들 수 없게 되다

전장식 총이 주로 쓰이던 시대에도 기관총처럼 많은 탄환을 발사하는 무기가 있었다. 총신 여러 개를 큰 수레에 나열해놓고 발사했는데, 일단 실탄을 다 쏘고 나면 재장전이 너무 불편해서 실용화하지 못했다. 그러다가 금속 탄피가 발명되면서 기관총 개발도 본격적으로 가능해졌다. 하지만 무연화약이 발명되기 전까지는 개틀링 기관총[Gatling gun. 세계 최초의 기관총으로 미국 남북전쟁 당시인 1862년에 개발]처럼 수동식이 주류였다.

본격적인 기관총은 19세기 말에 미국인 브라우닝(John Moses Browning. 1855년~1926년)과 미국인이지만 영국에서 활동한 맥심(Hiram Stevens Maxim. 1840년~1916년)이 발명했다. 이들이 만든 기관총은 탄환이 발사될 때 생기는 반동을 이용해서 다음 탄환을 발사하는 방식이다.

브라우닝 기관총은 주로 미국군이 사용했고 맥심 기관총은 영국 및 독일, 러시아 등 전 세계로 팔려나갔다. 러일전쟁 당시 일본군은 러시아군의 기관총에 크게 고전했는데, 바로 맥심 기관총이었다.

반면 프랑스는 미국인이 설립한 호치키스(Hotchkiss)사의 기관총을 사용했다. 일본은 이 호치키스 기관총을 기반으로 국산 기관총을 개발했다. 이들 기관총은 탄환을 발사할 때 생기는 화약 연소 가스를 총신 옆의 구멍으로 뽑아내 피스톤을 작동하는 방식이다.

군복을 입고 밀집 대형으로 북소리에 맞춰 행진하던 병사들은 기관총의 발명으로 단 50년 만에 땅바닥을 기며 머리조차 들 수 없게 됐다.

맥심 기관총의 모습

앞에는 프랑스가 개발한 호치키스 기관총. 뒤에는 호치키스를 카피한 일본의 38 식 기관총이다.

2-12 서브 머신 건의 등장

권총탄을 사용하는 전자동 총이 나타나다

세계대전 이전에는 전차나 비행기가 없었다. 또한 대포는 말이 끌었기 때문에 기동력이 떨어져 육군의 주력 무기는 보병의 소총이었다. 보병은 1,000m 혹은 2,000m 떨어진 지점에서 일렬횡대로 도열해 사격했다. 물론 사격 거리가 멀었기 때문에 한 사람 한 사람 겨냥해서 쏜다기보다는 집단 사격으로 총탄을 퍼부어 제압하는 방식이었다. 이 때문에 당시 보병총은 2,000m나 떨어진 적도 사살할 수 있을 정도로 강력한 총탄을 사용했다.

이런 보병 대열은 기관총이 등장하면서 속수무책이 됐다. 기관총으로 무장한 적진을 지금까지 방식으로 공격해서는 사상자만 속출할 뿐이었다. 결국 야간에 공격하거나 호를 파서 접근해가는 접근전이나 백병전 방식이 많아졌다.

이에 따라 원거리 사격을 중시하던 보병총을 적진에 뛰어들어 펼치는 접근전에 유리하도록 제작해야 했다. 좁은 참호 속에서 긴 총은 너무나 불편했고, 한 발씩 장전해야 했던 볼트 액션으로는 접근전에 대응할 수 없었다. 근거리에서는 오히려 권총이 위력을 발휘했다. 그러나 권총은 조금만 거리가 떨어져도 명중률이 낮았다.

제1차 세계대전이 끝날 무렵 독일의 MP 18을 시작으로 권총탄을 퍼붓는 서브 머신 건이 등장했다. 제2차 세계대전이 발발하면서 세계 각국은 서브 머신 건 개발에 착수한다. 독일 MP 38, 미국 M1 톰슨(Thompson), 영국 스텐 건(Sten gun) 등이 유명하다.

제2차 세계대전 때 미국이 사용한 톰슨 서브 머신 건

제2차 세계대전 때 소련군이 사용한 PPS 서브 머신 건

2-13 자동소총의 등장
소총 자동화에 소극적이었던 이유가 있다

기관총이 발명되면서 당연히 자동소총도 만들 수 있었다. 물론 당시 연구는 했지만 자동소총 개발에 그다지 힘을 쏟는 나라는 없었다. 왜일까?

총을 쏘면 반동이 생긴다. 강력한 보병총을 쏘면 반동으로 총이 튀어 오르기 때문에 두 번째 쏠 때는 다시 조준해야 한다. 방아쇠만 당기면 자동으로 발사되게 만들어도 실제로는 한 발씩 조준해야 하므로 매번 4~5초가 필요하다. 반면 볼트 액션 총은 볼트를 조작하는 데 추가로 1초 정도 더 소요되므로 총 5~6초당 한 발씩 발사할 수 있다는 계산이 나온다. 따지고 보면 자동소총이 압도적으로 유리하다고 할 수 없다.

그러나 제1차 세계대전 때 접근전이 많아지면서 자동소총이 필요해졌다. 적진에 뛰어들었을 때 눈앞의 적을 총검으로 찌르기보다는 방아쇠를 당기는 편이 빨랐기 때문이다.

서브 머신 건은 적진으로 뛰어들어 접근전을 펼칠 때 절대적인 위력을 발휘했지만, 어차피 총탄을 휘갈기듯 쏘는 총이다. 100m 이상 떨어지면 명중률이 극히 낮다.

당시에는 옛날처럼 1,000m 떨어진 지점에서 총격전을 펼치지는 않더라도 수백 미터 거리라면 종종 전투가 벌어졌다. 이 때문에 보병총을 모두 서브 머신 건으로 대체하기는 위험 부담이 있었다.

각국은 소총 자동화 연구는 했지만 제1차 세계대전 후에 전 세계적인 불황이 겹치면서 군 예산이 삭감돼 본격적으로 자동소총을 양산하지 못했다.

이후 제2차 세계대전이 발발하자 생산 시간이 많이 드는 자동소총을 군대에 대량으로 보급한 나라는 미국이 유일했고, 다른 나라는 극히 일부만 생산해 보급했다.

미군이 제1차 세계대전부터 한국전쟁까지 사용한 브라우닝 오토매틱 라이플. 보병총이지만 너무 무거워 '분대 지원 화기'로 기관총과 같은 취급을 받았다.

제2차 세계대전 때 미국이 대량 생산한 M1 라이플. 미국 이외는 모든 병사의 총을 자동소총으로 교체하지 못하고 일부에게만 보급했다.

2-14 돌격소총의 등장
서브 머신 건과 보병총의 사이

제2차 세계대전 때 보병들은 보병총과 서브 머신 건 모두를 사용했다. 적진에 뛰어들어 접근전을 할 때는 권총탄을 퍼붓는 서브 머신 건이 위력적이었지만, 100m 떨어진 원거리에서 명중률이 극히 낮았다. 반면 보병총은 300m 떨어진 사람 크기의 과녁도 명중시킬 정도로 높은 적중률을 자랑했다.

당시 보병총의 탄약은 청일전쟁과 러일전쟁 때의 전술을 기반으로 제작됐기 때문에 2,000m 떨어진 원거리에서도 살상력이 뛰어났다. 반면 현대전에서는 이렇게 먼 거리에서 보병이 사격할 일이 없으므로 강력한 탄약을 사용하는 보병총이 더는 필요하지 않다. 살상력은 수백 미터 정도면 충분하다. 대신에 탄약 크기가 작다면 반동이 줄어 소총을 서브 머신 건처럼 전자동 연발로 사격할 수 있다. 이런 소총이라면 서브 머신 건의 사정거리와 적중률이 부족한 문제를 해결할 수 있다.

그래서 제2차 세계대전이 끝날 무렵 독일은 StG44 돌격소총을 만들었다. 그전에 사용하던 마우저98 소총에 비해 탄피 길이가 절반 정도 작은 실탄을 사용했고, 30발짜리 탄창을 장착했다. 소총처럼 정밀 사격이 가능하고 서브 머신 건처럼 휘갈겨 쏠 수도 있었다. 소련군은 이 총과 전투해본 뒤 '앞으로는 이런 총의 시대다.'라고 생각하고 제2차 세계대전 후에 AK-47 돌격소총을 개발했다. 현재 세계 각국에서 사용하는 소총은 별도로 돌격소총이라고 부르지 않더라도 돌격소총의 범주에 속한다.

보병총과 돌격소총. 위는 러시아 AVT
-1940 자동소총, 옆은 AK-47 돌격
소총이다.

사용하는 탄약의 차이. 오른쪽 3발은 우측부터 러시아의 권총탄, 돌격총탄, 보
병총탄이며 왼쪽 3발은 우측부터 독일의 권총탄, 돌격총탄, 보병총탄이다.

2-15 소구경 고속탄 시대

7.62mm에서 5.56mm로 바뀌다

소련은 제2차 세계대전의 교훈으로 AK-47 돌격소총 개발에 착수했다. AK-47의 구경은 7.62mm로 기존 보병총과 같지만, 탄피가 작아서 화약량도 절반 정도다. 탄환 무게도 9.6g에서 7.9g으로 가벼워진 소형 탄약을 사용한다. 미국은 소형 탄약의 이점을 간과한 나머지, 베트남 전쟁 때 소련제 AK-47 돌격소총에 고전했다.

AK-47도 문제는 있었다. 예를 들어 구경은 그대로인데 화약량이 적으면 탄환 속도가 느리다. 또 구경은 같지만 탄환이 가벼우면 공기저항으로 속도 저하가 커진다. 즉 이런 탄환은 탄도가 큰 포물선을 그린다. '목표물까지 300m인 줄 알았는데 실제로는 400m였다.'든지 '300m로 생각했는데 실제로는 200m였다.' 등 거리 판단 착오에 따른 탄착점의 상하 오차가 커진다.

이에 미국은 화약량과 구경을 줄여 공기저항을 줄이고 속도 저하를 막아서, 거리 판단 착오에 따른 탄착 오차를 최소화한 구경 5.56mm의 M16 소총을 개발했다. 구경이 작아도 탄환 속도는 900m/s가 넘기 때문에 명중하면 기존의 7.62mm 탄과 견줄 수 있는 파괴력을 보였다.

이번에는 소련이 바빠졌다. 이들은 소구경 고속탄 개발에 착수해 5.45mm 탄을 사용하는 AK-74를 개발했다. 한편으로 중국은 5.8mm 탄을 사용하는 95식 소총을 개발했다. 이처럼 소총에는 소구경 고속탄을 사용하는 것이 세계적인 주류가 됐다.

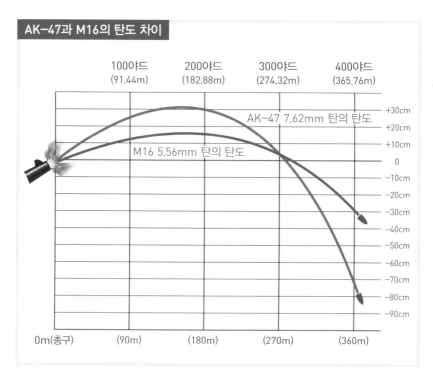

AK-47과 M16의 탄도 차이

| 100야드 (91.44m) | 200야드 (182.88m) | 300야드 (274.32m) | 400야드 (365.76m) |

AK-47 7.62mm 탄의 탄도

M16 5.56mm 탄의 탄도

+30cm
+20cm
+10cm
0
−10cm
−20cm
−30cm
−40cm
−50cm
−60cm
−70cm
−80cm
−90cm

0m(총구)　(90m)　(180m)　(270m)　(360m)

AK-47은 초반에 힘이 좋지만, 힘이 빨리 빠진다. M16은 공기저항이 적은 소구경탄이면서 고속탄이므로 AK-47보다 공기저항에 강하다.

AK-47(위)과 M16(아래)을 비교한 모습이다.

2-16 89식 소총

많은 나라에서 5.56mm를 사용한다

일본 자위대도 소구경 고속탄 시대를 맞아 89식 5.56mm 소총을 개발해 보급했다. 전장 91.6cm, 무게 3.5kg이므로 그다지 소형 경량은 아니다. 일본에서도 생산하지만 서양 각국의 소총과 마찬가지로 5.56mm 구경이기 때문에 만약 대량으로 사용해야 한다면 수입도 가능하다.

탄창은 미국의 M16을 비롯해 몇 개국의 총과 호환이 가능하다. 예를 들어 한국군 탄창도 사용할 수 있다. 30발 탄창이 표준이지만, 전차 부대는 전차 승하차 시 탄창이 길면 불편하기에 20발 탄창을 사용한다.

오른쪽 사진처럼 우측면에 '전환 레버'가 있고 아(ア), 레(レ), 3, 다(タ)라는 문자가 보인다. '아'는 안전, '레'는 초당 10발 정도의 속도로 연사, '3'은 3발 연사(점사) 후 멈춤, '다'는 방아쇠를 당길 때마다 한 발씩 발사하는 것(단발)을 의미한다.

숨이 차거나 해서 안정적인 사격이 불가능할 때는 오른쪽 아래 사진처럼 양각대를 펼쳐서 조준하면 안정된 사격이 가능하다. 연속으로 사격하면 반동 때문에 탄착점이 크게 분산되는데, 양각대를 사용하면 300m 떨어진 지점에서도 사람 크기의 과녁에 명중시킬 수 있다.

엄밀히 말하면 89식 소총에도 몇 가지 장단점이 있지만 설명하자면 책한 권 분량이므로 여기서는 이 정도로 설명을 마친다.

89식 소총

왼쪽 상단부터 시계방향으로 ア(아: 안전), タ(다: 단사), 3(3발 연사), レ(레: 연사)라는 표기가 보인다.

'적이 특정 지점을 통과할 때 일제 사격'하는 식으로 정해진 지점(화력 집중점)에 사격할 때면 양각대를 사용해 연속으로 사격한다. 그러면 가공할 위력을 발휘한다.

중국군의 95식 소총

세계 여러 나라에서 소구경 고속탄으로 5.56mm나 5.45mm(러시아)를 사용하는 데 비해 중국은 구경이 5.8mm인 95식 소총을 개발했다.

5.8mm 실탄은 4.15g짜리 탄환을 화약 1.8g으로 발사하는데 95식 소총에서 발사한 탄환의 초속(初速)은 920m/s다. 300m 거리에서 10mm 철판을 관통하고, 700m 거리에서 3.5mm 철판을 관통할 수 있다. 반면 러시아의 5.45mm 탄은 이를 관통하지 못하고 5.56mm 탄은 7할 정도만 관통한다고 한다. 이처럼 위력적이지만 반동도 크다. 필자가 실제로 사격해봤을 때의 느낌은 M16보다 반동이 2배 정도였다.

95식 소총은 아래 사진처럼 탄창이 방아쇠보다 뒤에 있다. 이런 형태를 불 펍(bull pup) 방식이라고 하며, 영국이나 프랑스 등 몇몇 나라에서도 사용한다.

불 펍 방식은 총신 길이를 유지하면서 총의 전체 길이를 줄일 수 있고, 연속 사격을 할 때 안정적이라는 이점이 있다. 하지만 사격을 하면 눈 바로 아래에서 탄피가 튀기 때문에 연기와 소음이 단점이다.

95식 소총은 탄창이 방아쇠보다 뒤에 있는 불 펍 방식을 쓴다.

탄약

발사약으로 쓸 수 없는 폭약

폭연과 폭굉은 다르다

총포탄을 발사할 때, 나이트로셀룰로스(nitrocellulose)를 주성분으로 하는 무연화약을 이용한다. 만약 여기에 TNT(trinitrotoluene)나 다이너마이트 (dynamite)와 같은 폭약을 사용하면 탄환이 발사되기 전에 포신이 터져버린다. 사용량을 줄이면 어떻게 될까? 총포가 망가지지 않을 정도의 분량을 사용하면 탄환이 거의 날아가지 않는다. 이는 TNT 같은 폭약의 폭굉(爆轟. detonation) 반응이 무색화약의 폭연(爆燃. deflagration) 반응과는 차원이 다른 폭속(爆速. velocity of explosion)을 지녔기 때문이다.

폭연이란 목탄이나 장작이 탈 때처럼 일단 점화되면 서서히 타오르는 현상을 말하며 그 속도는 200~300m/s 정도다. 반면 폭굉은 단지 연소 속도가 빠른 현상만을 의미하지 않는다. 폭굉은 폭약 덩어리 안에서 초속 수천 미터의 충격파가 발생하고, 그 충격파로 폭약 분자 구성이 흔들리는 반응이 일어난다.

폭굉은 폭약이 연소하는 반응이 아니다. 이 사실은 TNT나 다이너마이트에 불을 붙여보면 알 수 있다. 이들 폭약은 불을 붙인다고 폭발하지 않고 그저 연소할 뿐이다. 이들 폭약은 뇌관을 장착해 뇌관의 폭발로 충격이 가해지면 비로소 폭발, 즉 폭굉이 일어난다.

사람 눈에는 흑색화약이나 무연화약의 폭연, TNT와 다이너마이트의 폭굉, 이 둘이 다 같은 '폭발'로 보이지만 실은 폭연과 폭굉은 전혀 다른 성질의 반응이다.

흑색화약을 긴 튜브에 넣고 점화하면, 1초에 약 1cm 속도로 타들어간다. 이것이 바로 도화선이다.

흑색화약을 폭발시키려면 단단한 밀폐 용기에 화약을 채우고 압력을 높여야 한다.

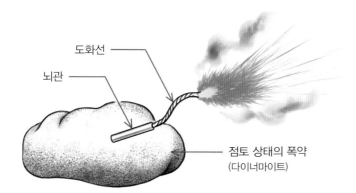

도화선

뇌관

점토 상태의 폭약
(다이너마이트)

TNT나 다이너마이트 등 폭약은 불을 붙여도 폭발하지 않지만, 뇌관으로 기폭하면 밀폐하지 않아도 폭발한다.

3-02 발사약의 연소 속도

연소 속도가 적절하지 않으면 총이 망가진다

산탄총용 발사약이든 라이플용 발사약이든 화학 성분은 같다. 그러나 라이플에 산탄총 발사약을 사용하면 총이 망가진다. 반대로 산탄총에 라이플 발사약을 사용하면 발사약은 거의 연소하지 않고 산탄과 함께 총구로 튀어 나올 뿐, 탄환이 발사되지 않는다.

이는 성분이 같더라도 입자 모양이나 크기가 달라서 연소 속도에 차이가 발생하기 때문이다. 같은 무게라도 작은 장작을 여러 개 모아서 태울 때가 큰 장작 하나만 태울 때보다 연소 속도가 빠르다. 발사약도 마찬가지로 입자가 클수록 천천히 타고 입자가 작을수록 빨리 탄다. 발사약은 사용하는 총포의 종류에 알맞은 연소 속도를 지켜야 한다.

라이플은 탄환이 강선을 파고들면서 회전력이 발생하는데 당연히 저항도 크다. 반면 산탄총의 총강에는 강선이 없으므로 산탄이 지날 때 생기는 저항이 거의 없다. 만약 저항이 큰 라이플에 연소 속도가 빠른 산탄용 발사약을 사용하면 저항으로 탄환이 전진하지 못하고, 발사약은 점점 연소해 압력이 상승한다.

발사약은 압력이 높으면 높을수록 빨리 연소하는 성질이 있다. 압력이 올라가면 탄환을 전진시키는 힘이 증가하지만, 그 이상으로 압력이 급격히 상승해 탄환이 발사되기 전에 총이 망가진다. 요약하자면 탄환이 총강을 통과할 때 저항이 큰(즉 탄환이 무겁거나 마찰이 큰) 총일수록 연소 속도는 느려야 한다.

M16의 폭발

필자는 예전에 화약, 뇌관, 탄피, 탄두를 직접 조합해서 만든 핸드 로드 (hand load) 실탄을 M16 소총으로 쏜 적이 있다. 사격장에서 자세를 잡고 표적을 조준해 방아쇠를 당기는 순간, 눈앞에서 정상적인 총소리와는 다른 폭발음과 함께 흰 연기가 피어올랐다.

무슨 일인지 순간적으로 간파했지만 '숙련자인 내가 설마.'라고 생각했다. 그러나 M16의 기관부는 부서졌고, 탄창은 아래로 튀어 나갔으며 작은 파편 몇 개가 얼굴과 어깨에 박혔다.

믿을 수 없어서 실탄을 분해해보니 역시 화약 종류가 잘못됐음을 알았다. M1 카빈용 화약을 M16 탄피에 넣은 것이다. 스스로 전문가라고 자신했지만 어처구니없는 실수를 저지르고 말았다.

필자가 겪은 폭발

의외로 총이 부서질 때 반동은 없었다.

발사약의 적절한 연소 속도

구경이 같더라도 탄환 무게가 다르면 화약도 다르다

앞서 산탄총용 발사약을 라이플에 사용하면 총이 망가진다고 설명했다. 하지만 정확히 말하자면 탄환이 총강을 통과할 때의 저항 크기에 따라 다르다. '22 림 파이어'(rim fire)처럼 작은 실탄을 사용하는 라이플은 저항이 작아서 산탄총 수준의 연소 속도를 내는 화약을 사용할 수 있고, 산탄총도 구경에 비해 많은 산탄을 채웠다면 가벼운 탄환이 들어가는 작은 라이플 실탄에 쓰는 화약을 사용할 수 있다.

이 때문에 라이플도 구경 크기에 따라, 또한 구경이 같더라도 탄환 무게의 차이에 따라 연소 속도가 다른 화약을 사용해야 한다. 예를 들어 구경 7.62mm 라이플일지라도 무게가 7g인 탄환과 10g인 탄환의 연소 속도는 전혀 다르다. 이 정도의 미세한 차이로 총이 망가질 수 있다.

오른쪽 그래프는 총강 내부의 강압(腔壓) 변화를 보여준다. 탄환이 전진하는 에너지는 붉은 부분의 면적에 비례한다. A 그래프는 연소 속도가 지나치게 빠른 발사약이다. 탄환에 가해지는 에너지에 비해 강압이 높아 총신에 큰 부담을 준다. 이런 발사약은 조금 더 가벼운 탄환을 사용하면 B 그래프와 같은 연소를 보인다.

B 그래프는 연소 속도가 적당한 발사약이다. 탄환에 가해지는 에너지에 비해 강압이 그다지 높지 않아서 총신이 비교적 얇더라도 안전하고 고속으로 탄환이 발사된다. 그러나 탄환이 무거우면 A와 같은 압력 커브를 보인다.

C 그래프는 연소 속도가 지나치게 느린 발사약이다. 아직 다 타지 않은 발사약이 총구로 뿜어 나와 낭비가 심한 경우다. 이때 탄환 무게를 높이면 B 그래프와 같은 연소를 보인다.

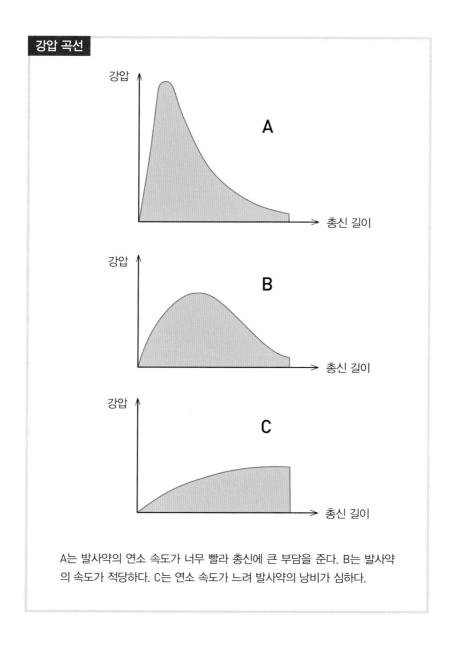

강압 곡선

A는 발사약의 연소 속도가 너무 빨라 총신에 큰 부담을 준다. B는 발사약의 속도가 적당하다. C는 연소 속도가 느려 발사약의 낭비가 심하다.

3-04 흑색화약
인류 최초의 화약은 흰 연기가 피어난다

흑색화약은 인류가 발명한 가장 오래된 발사약이다. 19세기 말, 무연화약이 발명될 때까지 총포탄의 발사약으로 사용했다. 흑색화약은 질산칼륨 75%, 유황 10%, 목탄 15%의 혼합물인데, 이 재료의 분말은 아무리 잘 섞어두더라도 운반할 때 진동이 생기면 분리되고 만다. 또 분말일 때는 흡습성이 높고 연소 속도가 매우 빨라서, 물로 반죽해 판 모양으로 만들어 필요할 때마다 잘라서 사용한다.

흑색화약으로 무연화약과 동일한 효과를 얻으려면 몇 배 많은 양을 사용해야 한다. 즉 흑색화약으로 탄약을 만들면 부피가 커진다. 따라서 총포도 위력에 비해 크고 무겁다.

또 흑색화약은 연기가 많다. 연속 사격을 하면 연기 때문에 앞이 보이지 않을 정도다. 그을음도 많아 자동소총이나 기관총에 사용하면 금세 고장난다. 무연화약에 비해 총이 녹슬기 십상이라 정비하는 데 시간이 많이 걸린다.

이런 이유로 오늘날에는 흑색화약을 발사약으로 거의 사용하지 않는다. 취미로 일부 구형총에 사용할 뿐(일례로 일본은 오늘날에도 화승총 사격대회가 있으며 메이지 시대의 무라다 총을 사용하는 사냥꾼도 있음)이다. 다만 대포에서 무연화약을 다량으로 점화할 때는 점화약으로 활용하기도 한다.

미생물을 이용한 초석 생산

흑색화약의 원료인 초석은 쉽게 구할 수 없었다. 즉 화약을 만들려면 초석을 수입해야 했다. 이런 이유로 근대 이전 중국과 조선에서는 초석을 만들어 쓰는 방법을 연구해 사용했다. 분뇨의 암모니아 성분과 식물에 들어 있는 칼륨, 흙 속의 박테리아를 이용해서 초석, 즉 염초를 만든 것이다.

염초를 만드는 방법은 대략 이렇다. 오래된 집의 마루 아래와 부엌 바닥 등에서 흙을 채취한다. 이를 사람 오줌과 가마 아래에 있는 재와 섞고, 이를 잘 버무린 뒤에 말똥을 말려서 쌓아놓은 흙 위에 덮는다. 불로 태우면 흰 이끼가 생긴다.

일본에는 오래전부터 초석 제조를 업으로 삼은 마을이 있었다. (사진: 기후현 시라카와무라 마을관청)

무연화약
초기 무연화약은 저장 중에 자연 발화했다

무연화약은 19세기 중반에 발명돼 19세기 말에 실용화했다. 흑색화약에 비해 연기가 적어 무연화약이라고 부르지만, 연기가 전혀 없지는 않고 대포를 발사하는 모습을 보면 무연이라는 이름이 꽤 궁색하다.

무연화약의 주성분은 나이트로셀룰로스(nitrocellulose)인데 셀룰로스(cellulose), 즉 식물의 섬유질(면이 대표적)을 초산으로 처리해 만든다. 면(綿)을 초산에 몇 시간 적셔두면 나이트로셀룰로스가 된다. 형태는 그대로지만 화약이라서 불을 붙이면 잘 탄다. 이 때문에 '면화약' '건코튼'(guncotton)이라고도 한다. 공장에서 대량 생산할 때 종이와 마찬가지로 목재 펄프가 원료다.

면을 초산으로만 처리한 면화약은 연소 속도가 너무 빨라 발사약으로 부적합하다. 그래서 발명 당시에는 발사약이 아닌 어뢰의 작약으로 사용했다. 면 상태인 나이트로셀룰로스에 에틸이나 알코올을 첨가하면 녹아서 젤라틴(gelatin) 상태가 된다. 이를 가지고 필요에 따라 모양을 성형한 뒤 알코올이나 에틸을 증발시키면 셀룰로이드(celluloid) 상태의 무연화약이 된다.

나이트로셀룰로스를 나이트로글리세린으로 녹인다

면 상태인 나이트로셀룰로스는 에틸이나 알코올 없이도 다이너마이트 원료인 나이트로글리세린(nitroglycerin)으로 녹여 셀룰로이드 상태로 만들 수 있다. 나이트로셀룰로스를 나이트로글리세린으로 반죽한 무연화약을 만들 수 있다는 뜻이다. 나이트로셀룰로스를 에틸이나 알코올로 반죽한 것을 싱글 베이스라고 하고 나이트로글리세린으로 반죽한 것을 더블 베이스라고 한다.

더블 베이스는 싱글 베이스보다 강력하지만 연소 온도가 높아서 총신의 수명이 단축된다. 나이트로구아니딘(nitroguanidine)을 첨가하면 가스 발생량에 비해 비교적 연소 온도를 낮출 수 있다. 이를 '트리플 베이스'라고 하는데 대포에만 사용한다. 소화기에는 싱글 베이스를 주로 사용하고, 더블 베이스는 일부에만 사용한다.

무연화약의 자연 분해

무연화약은 시간이 지남에 따라 자연 분해되는 성질이 있다. 그래서 발명 초기에는 폭발 사고가 종종 일어났다. 제조 공정에서 산(酸)이 남으면 위험하기에 충분히 씻어서 산을 제거하지만, 어떻게든 자연 분해된다. 분해될 때 산이 발생하는데, 이 때문에 분해가 더욱더 촉진돼 결국 폭발한다. 그래서 분해가 일어나더라도 폭발을 막기 위해 산을 중화하는 안정제를 첨가한다.

초기에는 바셀린(vaseline)이나 디페닐아민(diphenylamine)을 안정제로 사용했고, 지금은 안정제이면서 교화제인 센트랄리트(centralit), 디페닐우레탄(diphenylurethane) 등을 사용한다.

무연화약의 자연 분해 성질을 막을 방법은 없지만, 최근 제품은 품질 관리가 우수해 5년이나 10년간 보존해도 자연 발화는 물론이고 변질도 거의 되지 않는다. 변질된 무연화약은 시큼한 냄새를 풍기고 눅눅하다. 이런 발사약을 쇠 용기에 넣어두면 녹스는데 이것이 위험 신호다.

3-06 실탄

센터 파이어와 림 파이어로 구조가 나뉜다

오늘날 총탄은 모두 실탄, 탄약이라고 한다. 영어로는 카트리지(cartridge)라고도 한다. 카트리지는 만년필 잉크처럼 용기에 넣어 내장하는 물건을 의미하지만, 총포 용어로는 발사약, 탄환, 뇌관을 탄피라는 케이스에 넣어 사용하기 편리하게 만든 것을 말한다.

실탄이 발명되기 전에는 총구에 한 발씩 발사약과 탄환을 밀어 넣고 화약 접시에 점화약을 부어 넣어야 했다.

한편 산탄총용 실탄은 무슨 이유에서인지 실탄이라고 하지 않고 장탄(裝彈)이라고 한다. 영어로도 카트리지가 아니라 셀(sell)이다. 산탄총 장탄에 대해서는 182쪽에서 다시 설명하겠다.

소화기용 실탄은 오른쪽 그림과 같은 구조다. 오른쪽 위 그림처럼 뇌관 없이 불룩 튀어나온 림(rim)에 기폭약을 넣고, 림의 어떤 부분이든 때려서 발화시키는 것을 '림 파이어 방식'이라고 한다. 그리고 오른쪽 아래 그림처럼 탄피 바닥 중앙에 뇌관이 있는 것은 '센터 파이어(center fire) 방식'이라고 한다.

림 파이어는 센터 파이어보다 구조가 간단해서 제조 원가가 저렴하지만, 바닥이 얇아 실탄이 클 경우 부딪치거나 떨어뜨리면 위험하다. 이 때문에 구경 0.22인치(5.588mm)에만 적용한다. 역사적으로는 이보다 큰 실탄도 제조했고, 오늘날에도 극소수지만 다른 구경의 실탄이 존재한다.

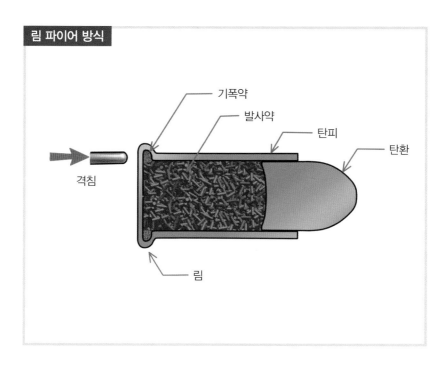

기폭약
발사약
탄피
탄환
격침
림

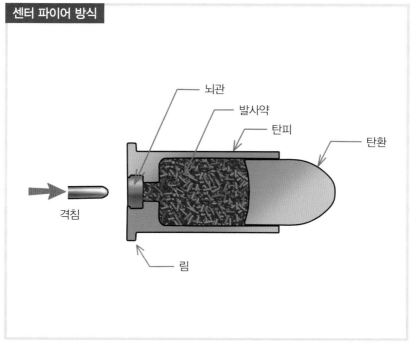

뇌관
발사약
탄피
탄환
격침
림

3-07 뇌관 이야기
복서형과 버든형은 뇌관이 다르다

뇌관은 기폭약을 넣은 점화 장치다. 동이나 황동으로 만들지만 대개 니켈로 도금을 해서 은색을 띤다.

옛날에는 기폭약으로 뇌홍을 사용했지만, 보존 중 자연 분해되고 단가가 높으며 총강을 녹슬게 하는 등 단점이 많아 20세기 중반부터 트리시네이트(트리니트로레졸신납)를 사용한다. 다만 순수 트리시네이트는 화염이 충분하지 않아 각 제조사는 질산바륨(barium nitrate)을 첨가한다.

뇌관에는 발화를 돕는 발화금(anvil)이라는 작은 쇠붙이가 부착돼 있다. 발화금과 뇌관 본체 사이에 기폭약이 들어 있어 격침으로 타격하면 발화가 잘 이뤄지도록 한다. 발화금이 없는 뇌관도 있다.

버든형 뇌관(berdan primer)은 탄피 바닥의 뇌관을 삽입하는 공간(primer pocket) 중앙부가 돌출돼 있다. 이 부분이 발화금을 대신한다. 제2차 세계대전 이전 유럽이나 일본에는 이 방식이 보급됐다. 지금도 러시아나 중국의 군용탄은 버든형 뇌관이다.

이에 비해 발화금이 장착된 뇌관을 복서형 뇌관(boxer primer)이라고 한다. 복서형 뇌관은 불발된 탄피에서 뇌관을 분리해 새 뇌관을 끼울 수 있다. 이 때문에 민간에서 선호한다. 미국에서 개발한 군용탄은 복서형 뇌관을 사용한다.

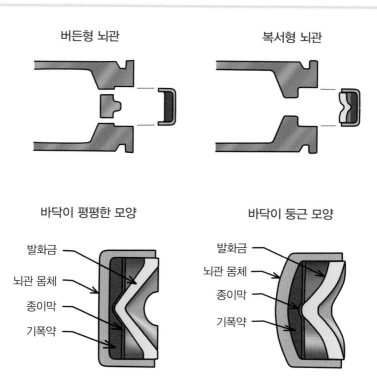

버든형 뇌관

복서형 뇌관

바닥이 평평한 모양

발화금
뇌관 몸체
종이막
기폭약

바닥이 둥근 모양

발화금
뇌관 몸체
종이막
기폭약

복서형 뇌관에는 바닥이 평평한 것과 둥근 것이 있다. 미군은 평평한 것,
일본 자위대는 둥근 것을 사용한다. 그러나 성능 차이는 없다.

뇌관 평면도

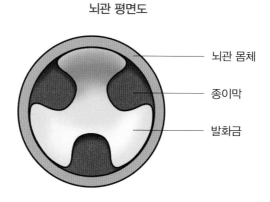

뇌관 몸체

종이막

발화금

3-08 탄피 재질
라이플, 권총용은 놋쇠, 산탄용은 종이를 사용한다

탄피(case)는 일반적으로 놋쇠(동 70%, 아연 30%의 합금으로 황동이라고도 함)로 만든다. 산탄총용 탄피는 종이나 플라스틱을 사용하는데, 철이나 알루미늄을 사용하기도 한다. 라이플이나 권총의 탄피는 대부분 놋쇠지만, 제2차 세계대전 중이던 독일이나 소련의 군용탄 탄피는 철이 많았다. 미국도 당시 권총 탄피에 철을 사용하기도 했다. 오늘날에도 러시아, 중국의 군용 탄피는 철제다. 철은 녹슬기 쉽기에 동으로 도금을 하거나 도료를 코팅해 녹스는 것을 방지한다. 철은 놋쇠보다 저렴하다는 이점이 있지만, 놋쇠보다 가공이 어렵고 녹에 취약하므로 별로 추천하고 싶지 않다.

산탄총의 탄피는 흑색화약 시대에 종이와 놋쇠를 사용했다. 구경이 같더라도 종이냐 놋쇠냐에 따라 규격이 달랐다. 오늘날 무연화약용 산탄 탄피는 특수한 경우를 제외하고 모두 종이나 플라스틱이다. 놋쇠 탄피는 취미로 구형 총을 사용할 때 이외에는 사용하지 않는다.

알루미늄 탄피는 리볼버나 산탄총용에 사용된 적이 있지만, 재사용이 가능할 정도로 강도가 강하지 못해 그다지 보급되지 않았다. 그러나 무게를 줄일 수 있기에 군용 전차포나 기관포용으로 일부 사용된 예가 있어 라이플용도 없지는 않다. 놋쇠의 주성분인 동은 저렴한 재료가 아니기에 라이플용 플라스틱 탄피를 쓰고자 연구가 진행되고 있다. 다만 10년 이상 보관하는 경우나 영하 수십 도의 저온 상태에서 보관할 때 문제가 발생할 수 있어 아직 보급되지 않았다.

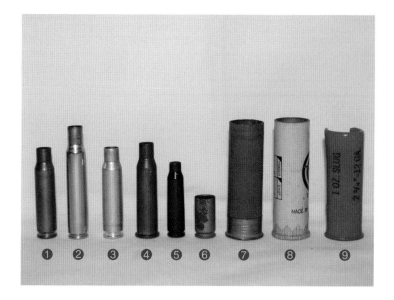

❶ 라이플이나 권총에 가장 많이 사용하는 놋쇠 탄피

❷ 은색이지만 실은 놋쇠에 도금한 탄피

❸ 알루미늄 탄피

❹ 철에 동을 도금한 탄피

❺ 철에 도료로 코팅한 탄피

❻ 철에 아연을 도금한 탄피

❼ 바닥만 금속인 종이 산탄 탄피

❽ 종이로만 이뤄진 산탄 탄피

❾ 플라스틱만으로 이뤄진 산탄 탄피

탄피 형태(1)
구경이 같아도 탄피가 다르면 사용할 수 없다

탄피 형태는 매우 다양하다. 오른쪽 그림을 보며 차례대로 살펴보자.

❶은 림드(rimmed)형으로 발사 후 탄피를 간편히 제거하기 위해 바닥이 원판 모양으로 넓다. 리볼버나 산탄총 탄피로 많이 사용되는 모양으로 45 롱 콜트, 38 스페셜 등이 대표적이다.

❷는 림드형에 테이퍼드(tapered) 형태를 가미했다. 발사 압력으로 탄피가 부풀어 올라 약실에 눌러붙는 것을 방지하기 위해서다. 탄피를 테이퍼드 형태로 만들어 빠지기 쉽게 제작했다. 산탄총이라면 놋쇠 탄피에 많이 사용하는 모양이고, 권총 중에는 7.62mm 나강(Nagant), 라이플 중에는 500 나이트로 익스프레스(Nitro Express) 등에 사용한다.

❸은 림드형에 머리 부분을 좁힌 보틀 넥(bottle neck) 탄피다. 구경에 비해 많은 화약을 넣을 수 있다. 제2차 세계대전까지 영국 보병이 사용한 303 브리티시(British), 러일전쟁부터 지금까지 러시아 기관총으로 활약 중인 7.62mm 러시아(Russia) 등에 사용한다.

❹는 림리스(rimless)형으로 림 직경과 몸체 직경이 동일하다. 림드형 탄피는 자동소총 탄창에 끼울 때 림이 거추장스럽기에 홈을 파서 림을 만든다. 45 오토(Auto) 등이 대표적이다.

❺는 림리스형에 테이퍼드를 가미했다. 9mm 루거(Luger), 30 카빈 등에 사용한다. ❻은 림리스형에 보틀 넥을 적용했다. 오늘날 라이플 실탄으로 가장 많이 사용되며 30-06이나 308 윈체스터 등이 대표적이다.

❶ 림드형 탄피

❷ 림드형 테이퍼드 탄피

❸ 림드형 보틀 넥 탄피

❹ 림리스형 탄피

❺ 림리스형 테이퍼드 탄피

❻ 림리스형 보틀 넥 탄피

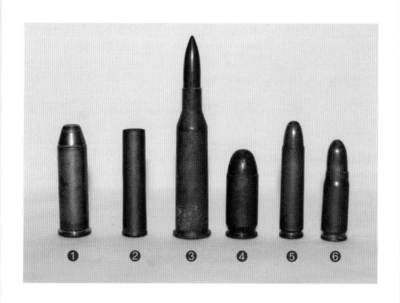

3-10 탄피 형태(2)

벨티드형은 매그넘 탄피에 사용한다

오른쪽 그림을 보자. ❼의 세미 림드(semi rimed)형은 림리스형과 비슷하지만, 림이 조금 더 크다. 32 오토, 38 슈퍼(Super) 등에 사용한다.

❽은 세미 림드형에 보틀 넥을 적용했다. 림리스형 보틀 넥과 비슷하지만, 림이 조금 더 크다. 구일본군이 사용한 38식 보병총인 6.5mm 아리사카(有坂)나 7.7mm 92식 중기관총 실탄으로 사용했다.

❾는 리베이티드 림(rebated rim)형으로 림 직경이 몸체 직경보다 작다. 41 액션 익스프레스(Action Express)에 사용하지만 극히 드물다.

❿은 리베이티드 림형에 보틀 넥을 적용했다. 248 윈체스터, 오리콘 20mm 기관포의 탄피로 사용하지만 극히 드물다.

⓫은 벨티드(belted)형으로 탄피를 벨트 모양으로 둘러 보강했다. 458 윈체스터, 458 아메리칸(American) 등 매그넘(magnum) 라이플 카트리지로 사용한다.

⓬는 벨티드형에 보틀 넥을 적용했다. 고속 매그넘 라이플 카트리지에 사용한다. 7mm 레밍턴 매그넘, 300 웨더비(Weatherby) 등이 대표적이다. 벨티드형 탄피는 아직 군용이 없지만, 옛날 핀란드에서 사용한 라흐티(Lahti) 20mm 대전차 라이플 실탄이나 독일의 20mm 기관포탄이 벨티드형 보틀 넥이었다. 벨티드형은 사용자에게 '강력한 매그넘'이라는 인상을 주기 위한 디자인일 뿐이며, 실제로는 탄피 강도를 높이지 못한다. 그래서 최근 매그넘 카트리지에는 사용하지 않는다.

❼ 세미 림드형 탄피

❽ 세미 림드형 보틀 넥 탄피

❾ 리베이티드 림형 탄피

❿ 리베이티드 림형 보틀 넥 탄피

⓫ 벨티드형 탄피

⓬ 벨티드형 보틀 넥 탄피

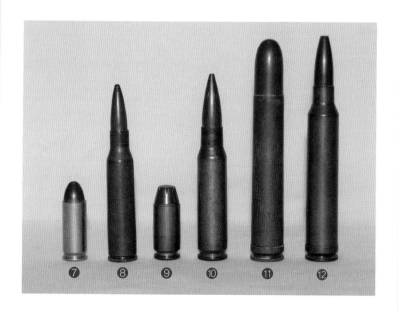

3-11 탄환 형태(1)

모양마다 특성이 다르다

원거리 사격이 중요한 탄환은 공기저항을 최소화하기 위해 그림 ❶처럼 뾰족한 모양이다. 이를 첨두탄(尖頭彈. pointed bullet)이라고 하며, 특히 더 뾰족한 탄환은 첨예탄(尖銳彈. spire pointed bullet)이라고 한다. 뾰족한 탄환은 원거리 사격에 유리하지만, 실탄이 길어진다. 탄창이나 노리쇠도 길어야 하므로 총이 무거워진다. 원거리 사격이 중요하지 않다면 무게가 같다는 전제 하에 가늘고 긴 탄환보다 굵고 짧은 탄환이 총에 대한 충격이 적고 명중률도 좋다. 그래서 원거리 사격을 하지 않는다면 그림 ❷의 원두탄(圓頭彈. round nose)이나 그림 ❸의 세미 포인티드탄(semi pointed彈)도 사냥용 탄환으로 많이 사용한다. 목표가 근거리인 권총탄은 당연히 대부분 원두탄이다.

그림 ❹처럼 머리가 평평한 탄환을 평두탄(平頭彈. flat point) 또는 플랫 노즈(flat nose)라고 한다. 공기저항 측면에서는 불리하지만, 첨두탄을 튜브 탄창(총신과 평행인 파이프 모양의 탄창) 총에 장전할 때는 앞쪽 실탄 뇌관에 뒤쪽 실탄 머리 부분이 닿아서 위험하기 때문에 평두탄을 사용한다. 근거리 사격만 한다면 평두탄의 탄도가 안정적이고 명중률도 그리 나쁘지 않다.

첨예탄은 금속 목표물에 비스듬히 맞으면 미끄러져 튕기지만, 평두탄은 파고들기 때문에 기관포탄으로도 사용한다. 또 첨두탄을 수면에 쏘면 직진 하지 않고 튀어 오르거나 급히 잠기지만, 평두탄은 수중으로 직진한다. 그래서 선박 타격용 포탄에 평두탄을 사용하면 목표보다 다소 앞쪽에 착탄해도 포탄이 수중에서 직진한다.

❶ 첨두탄

❷ 원두탄

❸ 세미 포인티드탄

❹ 평두탄

탄환 모양은 다양하다.

탄환 형태(2)
목적에 따라 탄알을 변형한다

그림 ❺의 와드 커터(wad cutter)는 권총 사격 경기에 사용한다. 원두탄은 표적에 뚫린 구멍을 보면 탄환의 중심이 어딘지 불명확하지만, 와드 커터는 탄환 직경만큼 동그란 구멍이 생기기 때문에 정확한 채점이 가능하다.

탄환이 빠른 속도로 날아갈 때는 탄환에 밀린 공기가 탄환 뒤로 돌아 흐르지 못해 탄환 바로 뒷부분은 진공 상태가 된다. 이런 현상은 탄환 진행 방향의 반대편으로 작용하는 힘이 되기 때문에 속도 저하의 요인이다. 그래서 그림 ❻처럼 탄두 밑바닥의 폭이 좁아지는 형태로 만들면 뒤쪽으로 공기가 흘러 들어가 속도 저하를 막을 수 있어 사정거리는 향상된다. 이런 모양의 탄환을 보트 테일(boat tail)이라고 한다. 원거리 사격이 아니면 보트 테일은 필요 없고, 그림 ❼처럼 플랫 베이스(flat base)나 그림 ❽처럼 할로 베이스(hollow base)를 선호한다. 탄환 바닥이 발사 가스압으로 팽창하면 총강에 바짝 밀착하기 때문에 명중률이 높아진다.

그림 ❾와 같이 커널(canal)이라는 홈이 패인 탄환도 있다. 탄피 입구를 이 홈이 단단히 고정해서 탄환과 탄피의 결합을 강화해준다. 커널이 없더라도 단단히 결합하지만 전장에서 난폭하게 다루는 군용탄(특히 기관총탄)은 커널형이 많다. 튜브 탄창을 사용하는 총은 발사 반동으로 탄창 내의 탄두가 앞 실탄에 부딪혀 탄두가 탄피 속으로 박히는 사례가 있어서 커널형 탄환을 선호한다.

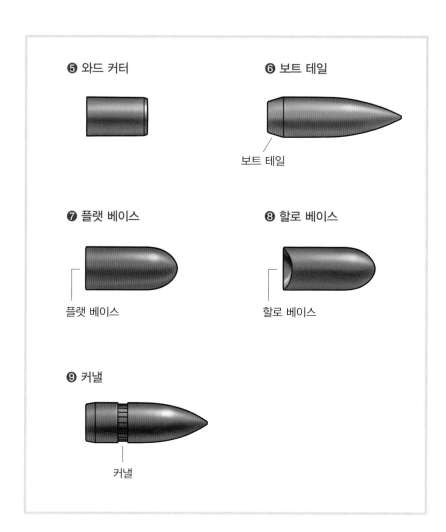

❺ 와드 커터

❻ 보트 테일

보트 테일

❼ 플랫 베이스

플랫 베이스

❽ 할로 베이스

할로 베이스

❾ 커낼

커낼

3-13 탄환 재질

납을 동으로 감싼다

오랫동안 총탄 재질은 납이었다. 납은 열로 쉽게 녹일 수 있어서 거푸집에 부어 만들었다. 이를 캐스트 불릿(cast bullet)이라고 한다. 그런데 무연화약을 사용하면서 탄환 속도가 크게 향상되자, 총강에 납이 들러붙는 현상이 생겼다. 목표에 명중될 때 충격으로 탄환이 터지면서 얇은 판도 관통할 수 없는 문제도 생겼다. 이를 해결하려고 납을 동으로 감싸서 보강하는 방식을 고안해냈다.

탄환은 납으로 된 코어(core)와 이를 감싸는 재킷(jacket)으로 이뤄져 있다. 군용 보통탄은 코어 전체를 재킷으로 감싸는데, 이를 풀 메탈 재킷(full metal jacket)이라고 한다. 코어가 순수 납이면 너무 물렁거리기 때문에 안티몬(Sb)을 몇 퍼센트 첨가해 단단하게 한다.

재킷 재질은 일반적으로 동 90~95%, 아연 5~10%으로 이뤄진 황동색 합금이다. 그러나 구일본군의 38식 보병총에 사용된 6.5mm 탄은 니켈 성분이 많은 합금이라 은색 탄환이었다. 아연 함유가 많은 황색 재킷도 있다. 제2차 세계대전 당시의 독일군이나 전쟁이 끝난 후의 소련군은 철 재킷을 사용했는데, 녹이 많이 슬어 도장, 피막 처리(parkerizing), 동 도금 등 추가로 가공을 하기도 했다.

참고로 재킷 위에 테플론(teflon) 코팅을 하면 마찰이 감소해 탄환 속도 및 관통력이 향상되고 총강 수명도 늘어나는 효과가 있지만, 비용 증가로 보급되지 못했다. 최근에는 이황화 몰리브덴(molybdenum disulfide) 코팅이 보급되고 있다. 미국에서는 납 권총탄을 나일론으로 감싼 제품도 있다. 이는 실내 사격장의 납 오염을 방지하는 조처다.

납을 녹여 거푸집에 부어 만든 캐스트 불릿

납을 동 합금 재킷으로 감싼 오늘날의 총탄

니켈과 동을 섞어 만들면 사진처럼 탄환 색깔이 은색이다.

중국군의 총탄. 철 재킷에 동으로 도금했다.

3-14 탄환 구조(1)

풀 메탈과 소프트 포인트로 구분한다

군용 보통탄을 영어로 볼(ball)이라고 하는데, 탄환이 둥근 구형이었던 시대의 명칭을 지금도 사용하고 있는 것일 뿐 실제로는 구형이 아니다. 따라서 영어 문헌에 'ball cartridge' 'ball bullet'이라는 표현을 '볼 실탄', '볼탄'이라고 번역해서는 안 된다. 볼 불릿은 그림 ❶처럼 납 코어를 동 또는 철, 그 외 합금이 감싸고 있다. 프레스 가공이기 때문에 바닥만 납이 드러나 보인다. 이렇게 바닥까지 감싸지 않았지만 풀 메탈 재킷탄이라고 부른다.

그림 ❷처럼 사냥용 탄환은 군용탄과 달리 바닥은 재킷으로 감싸지만 머리 부분은 납이 노출돼 있다. 이를 소프트 포인트(soft point) 또는 소프트 노즈(soft nose)라고 한다. 이런 탄환은 명중되면 그림 ❸처럼 버섯 모양으로 찌그러진다. 심할 경우 몸에 박힌 후 터져서 풀 메탈 재킷보다 큰 상처를 남긴다. 그래서 군용탄보다 사냥용탄이 더 위력적이다. 탄환이 찌그러지는 현상을 익스팬션(expansion) 또는 머시루밍(mushrooming)이라고 하며 이런 성질의 탄환을 익스팬딩 불릿(expanding bullet. 확장탄)이라고 한다.

확장탄을 군대에서는 덤덤탄(dum dum bullet)이라고 하는데 영국이 식민지 인도의 덤덤 병기 공장에서 생산했기 때문에 붙여진 이름이다. 전쟁에서 덤덤탄 사용은 국제법으로 금지한다.

❶ 풀 메탈 재킷탄

❷ 소프트 포인트탄

❸ 익스팬션(머시루밍)

풀 메탈 재킷탄   소프트 포인트탄

군용은 풀 메탈 재킷탄, 사냥용은 소프트 포인트탄을 주로 사용한다.

탄환 구조(2)

사냥용 탄두는 살상력이 높다

앞서 설명했지만, 덤덤탄은 국제법으로 금지하고 있다. 아무리 전쟁이라고 해도 서로 덤덤탄을 맞기는 싫은 모양이다. 그러나 사냥할 때는 사냥감이 즉사하기를 바란다. 중상을 입은 채 도망이라도 치면 회수하기가 쉽지 않다. 그래서 다양한 장치가 고안됐다.

익스팬션 효과는 탄환 속도가 빠를수록 크고, 600~700m/s 정도가 되면 대개 탄환이 찌그러진다. 그래서 대형 동물 사냥용 매그넘 라이플 탄환은 명중 시 사냥감 표면에서 바로 찌그러져서는 안 되고, 어느 정도 박힌 뒤에 찌그러지도록 익스팬션 효과가 세밀하게 조절된다.

그림 ❹ 파티션(partition)은 앞부분이 찌그러지더라도 뒷부분이 잘 찌그러지지 않도록 고안한 탄환이다. 그림 ❺는 재킷과는 별도로 머리 부분을 얇은 알루미늄으로 감싸서 익스팬션을 늦춘 것으로, 앞부분이 반짝이기 때문에 실버 팁(silver tip)이라고 부른다.

반대로 속도가 느리면 익스팬션 효과가 떨어지기 때문에 그림 ❻처럼 앞쪽에 구멍을 내어 익스팬션 효과를 높인다. 고속 라이플탄의 구멍은 작아도 되지만, 탄환 속도가 느릴수록 익스팬션 효과를 극대화하려면 구멍이 커야 하므로 권총탄은 그림 ❼처럼 구멍이 제법 크다. 이처럼 앞쪽에 구멍이 있는 탄환을 할로 포인트(hollow point)라고 한다. 참고로 사냥용에도 풀 메탈탄이 있는데 이는 코끼리나 버펄로의 두개골을 관통하려고 사용한다.

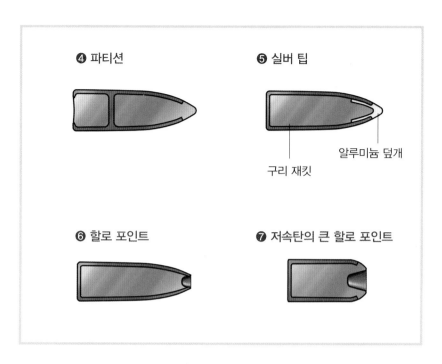

❹ 파티션

❺ 실버 팁

구리 재킷

알루미늄 덮개

❻ 할로 포인트

❼ 저속탄의 큰 할로 포인트

왼쪽부터 사냥용 풀 메탈, 실버 팁, 소프트 포인트, 할로 포인트, 사냥용 할로 포인트.

3-16 탄환 구조(3)

군용 탄두는 목적에 맞는 구조를 지닌다

그림 ❶은 군용 M16이나 일본 자위대의 89식 소총에 사용하는 5.56mm 보통탄이다. 명칭은 보통탄이지만 코어의 앞부분이 철로 이뤄져 있다. 종래의 7.62mm 탄보다 작기 때문에 관통력 저하가 발생하는데, 이를 보완하기 위해 철을 넣었다. 군용탄은 대량 소비되기 때문에 철을 넣으면 가격이 높은 납을 절약하는 측면도 있으며, 탄환 무게를 늘리지 않고도 유선형으로 제작해 공기저항을 줄일 수 있다.

그림 ❷는 러시아의 5.45mm 보통탄인데 앞은 납이고 뒤는 철로 구성돼 있다. 그림 ❸은 철갑탄(armor piercing)이다. 철판을 관통하기 위해 단단한 텅스텐 합금의 코어를 납으로 감싸고 재킷으로 다시 감쌌다.

그림 ❹는 예광탄(tracer)으로 탄환 바닥에 질산스트론튬(strontium nitrate) 등 빛을 발하는 화약(예광제)이 들어 있어 탄환이 날아가는 모습을 볼 수 있다. 그림 ❺는 소이탄(incendiary)으로 소이제는 대개 상온의 공기와 접촉하면 자연 발화하는 황린(黃燐)을 사용한다. 명중 충격으로 탄환이 부서지면서 황린이 날려 불이 붙는 구조다.

그림 ❻은 작열소이탄(explosive incendiary)이다. 소이탄처럼 착탄 충격으로 탄환이 부서져 비산하지 않고, 탄환의 착탄 관성으로 격철이 뇌관을 쳐서 폭발하면 소이제(황린)가 터져 나오는 구조다. 이는 제2차 세계대전 당시 독일에서 제작한 탄환이다. 이와 유사한 탄환을 개발한 나라도 있었지만 실용성이 없다는 이유로 지금은 생산하지 않는다.

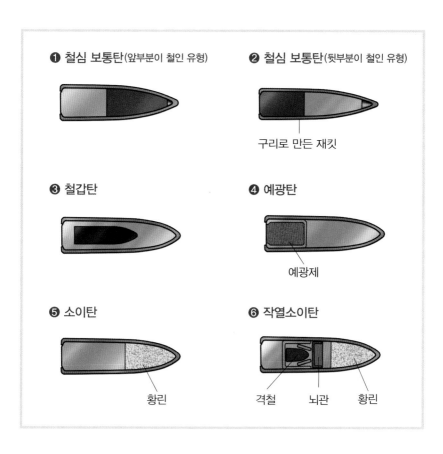

❶ 철심 보통탄(앞부분이 철인 유형)

❷ 철심 보통탄(뒷부분이 철인 유형)

구리로 만든 재킷

❸ 철갑탄

❹ 예광탄

예광제

❺ 소이탄

❻ 작열소이탄

황린

격철　뇌관　황린

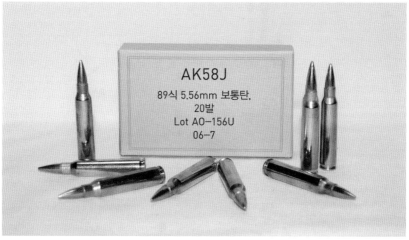

AK58J

89식 5.56mm 보통탄,
20발
Lot AO-156U
06-7

5.56mm 보통탄은 탄두 앞부분에 철심이 들어 있다.

3-17 공포탄과 의제탄

자동소총의 공포 사격에는 어댑터가 필요하다

군대 훈련을 할 때나 새 또는 짐승을 위협해 쫓을 때는 소리만 나는 공포(空包)탄을 사용한다. 당연히 실탄 발사약과는 연소 속도가 다르다. 공포탄은 실탄보다 압력이나 반동이 적기(거의 없음) 때문에 기관총 같은 자동소총에서는 정상적으로 작동하지 않아 단발총처럼 발사된다. 그래서 총구의 구멍을 작게 해주는 어댑터를 장착해 가스압을 올리는 방식으로 반동을 강화한다.

탄환이 없는 공포탄은 탄피의 뚜껑 역할을 할 무언가가 있어야 한다. 그래서 나무 탄환이 만들어지기도 했다. 제2차 세계대전 때까지는 유럽을 비롯해 여러 나라에서 흔히 사용했다. 그러나 아무리 나무라고 해도 수십 미터 정도 근거리에서는 위험하기에 최근에는 사용하지 않는다.

오른쪽 아래 사진에는 여러 탄환이 보인다. 왼쪽부터 구일본군의 종이 탄환이 장착된 공포탄(❶), 탄피 머리 부분을 별 모양으로 찌그러뜨린 미군의 공포탄(❷), 머리 부분을 가늘고 길게 늘여 실탄과 거의 유사한 길이로 만든 일본 자위대의 공포탄(❸)이다.

의제탄(擬製彈)이란 모양이 실탄과 같지만 화약이 없는 것을 말한다. 실탄과 구분하기 위해 옆구리에 구멍을 뚫어놓거나(❹), 러시아군의 5.45mm 탄(❺)처럼 세로 홈을 넣기도 한다. ❻은 빈 총 격발용 의제탄이다. 빈 총 격발은 실탄을 쏘는 것보다 격침 손상이 커서(총의 종류에 따라 정도 차이가 있다.) 이처럼 플라스틱 더미를 넣어서 방아쇠를 당긴다.

공포를 쏠 때 총구에 어댑터를 장착하지 않으면 자동소총의 기능을 상실한다.

① 종이 탄환이 달린 구일본군 공포탄

② 탄피 머리 부분을 별 모양으로 찌그러뜨린 미군 공포탄

③ 머리 부분을 가늘고 길게 늘인 일본 자위대의 공포탄

④ 옆구리에 구멍을 뚫은 모의탄

⑤ 세로 홈을 판 러시아군의 모의탄

⑥ 빈 총 격발용에 쓰는 의제탄

3-18 구경 표시 방법

구경 45는 무슨 의미일까?

서부 영화에 자주 등장하는 콜트 피스 메이커(colt peace maker)는 '구경 45', 미국의 전쟁 영화에 등장하는 M2 브라우닝 중기관총은 '구경 50'이다. 여기서 '45'나 '50'은 인치(1인치는 25.4mm) 표시로 '100분의 몇 인치인가'를 나타낸다. 밀리미터로 바꾸면 50은 12.7mm, 45는 11.4mm, 30은 7.62mm 다. 300 홀란드 매그넘이나 338 윈체스터 매그넘처럼 '1,000분의 몇 인치인가'로 표시하는 것도 있다.

이렇게 나누는 기준은 특별히 정해진 바가 없다. 다만 매그넘 종류는 '1,000분의 몇 인치'로 표시하는 경향이 있다. 일반적으로 구경은 라이플의 강선등(bore) 지름의 길이지만 308 윈체스터나 8mm 마우저 등은 강선홈(groove) 지름으로 표시하기도 한다.

화승총처럼 전장식 총이 주류를 이루던 시대에는 탄환의 직경만 맞으면 어떤 총이든 사용할 수 있었지만, 탄피를 사용하는 시대로 접어들면서 구경이 같아도 탄피 크기가 다르면 절대 호환할 수 없게 됐다. 구경 0.3인치, 즉 7.62mm라도 오른쪽 그림처럼 그 종류가 매우 다양하다.

예를 들어 구경이 7.62mm인 총이라고 해도 실제로 어떤 실탄을 사용하는지 모른다면 위험하므로 아무 탄약이나 사용할 수 없다. 그래서 실탄의 명칭이 더 중요하다.

30 카빈

7.62X39

30-30

300 세비지(savage)

307 윈체스터

308 윈체스터

30-40 크라크(Krag)

300 레밍턴 울트라 매그넘

300 웨더비 매그넘

300 윈체스터 매그넘

308 노마 매그넘(Norma Magnum)

300 홀란드 매그넘(Holland Magnum)

30-06

구경은 같지만 탄피의 크기나 형태가 다른 종류도 많다.

3-19 매그넘의 크기

'작은 매그넘'도 있다

매그넘은 본래 '사이즈가 큰 와인 병'을 의미한다. 여기서 비롯해 구경에 비해 탄피가 커서 강력한 탄을 매그넘이라고 부른다. 그러나 매그넘이라는 명칭은 아무리 강력한 실탄이라도 함부로 붙여 쓸 수는 없고, 기존에 존재하던 실탄을 보다 강력하게 개선한 경우에만 사용한다.

예를 들어 '22 윈체스터 매그넘 림 파이어'라는 실탄은 기존에 '22 림 파이어'라는 실탄을 보다 강력하게 개선했기 때문에 매그넘이라는 이름이 붙은 것이다. 또 매그넘이라고 해도 22 구경이기 때문에 23 구경이나 45 구경과 비교하면 작다. 매그넘이라는 이름이 붙는다고 모두 굉장한 파괴력이 있는 것은 아니다.

357 매그넘은 38 스페셜이라는 실탄의 탄피를 다소 길게 만들어 화약 용량을 늘린 것이다. 어째서 38 매그넘이 아니고 357 매그넘이라고 부를까? 실은 38 스페셜 실탄의 탄환 직경은 0.38인치가 아니라 0.357인치지만 살짝 속여 38이라고 불렀다. 그래서 38 매그넘이라고 하지 않고 정직하게 357 매그넘이라고 부르는 것이다.

458 윈체스터 매그넘, 460 웨더비 매그넘도 매그넘 명칭이 붙지 않는 구경 458이나 구경 460 실탄이 없다. 실은 458 윈체스터 매그넘이나 460 웨더비 매그넘의 구경은 45다. 따라서 이들은 기존에 존재하던 '45-70' 같은 45 구경 실탄의 매그넘인 것이다.

보통탄과 매그넘탄의 차이

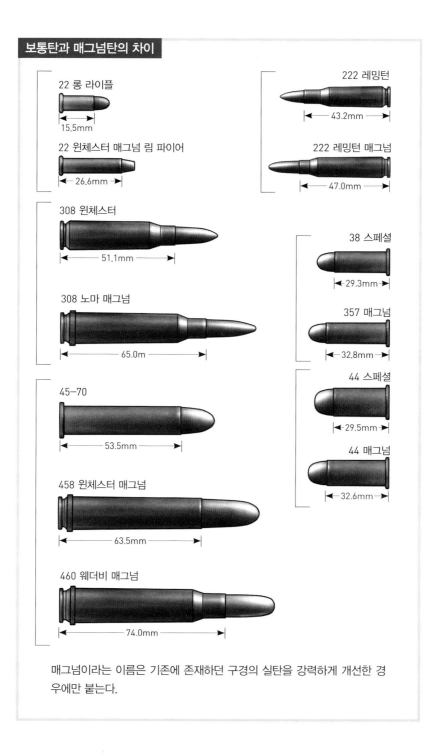

22 롱 라이플
15.5mm

22 윈체스터 매그넘 림 파이어
26.6mm

308 윈체스터
51.1mm

308 노마 매그넘
65.0m

45-70
53.5mm

458 윈체스터 매그넘
63.5mm

460 웨더비 매그넘
74.0mm

222 레밍턴
43.2mm

222 레밍턴 매그넘
47.0mm

38 스페셜
29.3mm

357 매그넘
32.8mm

44 스페셜
29.5mm

44 매그넘
32.6mm

매그넘이라는 이름은 기존에 존재하던 구경의 실탄을 강력하게 개선한 경우에만 붙는다.

유럽식 구경 표시

미국이 구경을 인치로 표시하는 데 비해 유럽에서는 당연히 밀리미터로 표시한다. 그리고 탄피를 사용하는 총은 구경뿐만 아니라 어떤 실탄인지 명확히 하기 위해 7.62×51과 같은 숫자 표시가 있다. 앞의 7.62는 구경이고, 뒤의 51은 탄피 길이다.

구경이 7.62mm이고 탄피 길이가 51mm인 실탄은 미국식으로 말하면 '308 원체스터' 군용 카트리지로 '7.62mm NATO 실탄'에 해당한다. 마찬가지로 5.56mm NATO 실탄은 탄피의 길이가 45mm이기 때문에 5.56×45라고 한다. 러시아의 AK-47의 실탄은 탄피 길이가 39mm이기 때문에 7.62×39다. 러시아의 기관총탄 중에는 7.62×54R이 있다. 여기서 R은 이 탄피가 림드형(90쪽 참고)임을 나타낸다. 또 제2차 세계대전까지 영국군이 사용한 '303 브리티시'는 7.7×57R이다.

권총도 마찬가지로 '9mm 루거'나 '9mm 패러벨럼(Parabellum)'은 9×19이고 러시아군의 '9mm 마카로프(Makarov)'는 9×18이다.

이상 살펴본 바와 같이 유럽에서는 구경을 표시할 때 밀리미터를 사용한다. 그런데 '308 노마 매그넘'이나 '338 라푸아 매그넘(Lapua Magnum)'은 유럽에서 개발했는데도 인치로 표시한다. 이들은 대형 동물 사냥용 실탄인데 캐나다나 알래스카에서 수렵을 하는 미국의 사냥꾼들이 주요 고객이기 때문에 인치로 표시한 것이다. 반대로 미국에서 개발한 실탄 중에 밀리미터로 표시한 실탄도 몇 가지 있다. '7mm 레밍턴 매그넘'이나 '10mm 오토' 등이다.

PART
4

권총과
서브 머신 건

리볼버 장전 방식
중절식, 스윙 아웃식이 개발되다

리볼버는 5발, 6발, 7발, 8발 등과 같이 장탄수가 매우 다양하다. 하지만 장전 가능한 실탄수가 많을수록 실린더 직경과 부피가 커지기 때문에 무작정 늘릴 수는 없고, 6발이 표준이다. 리볼버는 6발 모두 쏘면 탄피를 제거해 새로운 실탄을 실린더에 장전해야 한다.

장전 방식은 여러 가지다. 먼저 서부 영화에 자주 등장하는 콜트 피스 메이커는 로딩 게이트(loading gate)를 열고 실린더를 돌려가며 한 발씩 탄피를 제거하고 새로운 실탄을 장전해야 하는 번거로움이 있다. 그래서 총의 실린더 뒤를 꺾는 중절식이나 실린더를 옆으로 빼는 스윙 아웃(swing out) 방식이 개발됐다. 러일전쟁 때 구일본군이 사용한 26년식이나 영국군이 사용한 엔필드 권총이 중절식이다. 총을 꺾으면 모든 탄피가 밀려 나온다. 오늘날 리볼버 대다수는 스윙 아웃 방식이며, 실린더 축을 앞에서 밀면 탄피가 일제히 밀려 나온다.

여전히 실탄을 장전하려면 손으로 한 발씩 실린더에 밀어 넣어야 한다. 그래서 스피드 로더(speed loader)라는 6발 실탄이 든 '총의 실린더'와 유사한 케이스를 실린더 뒤에 갖다 대어 실탄을 한 번에 넣는 도구도 개발됐다. 다만 총의 실린더에 맞는 크기의 스피드 로더가 필요하다. 총에 따라서는 하프 문 클립(half moon clips)이라는 반월형 판에 실탄 3발을 끼워 재장전을 편리하게 해주는 도구도 사용한다. 6발을 끼우는 문 클립도 있다.

로딩 게이트를 열고 한 발씩 장전한다.

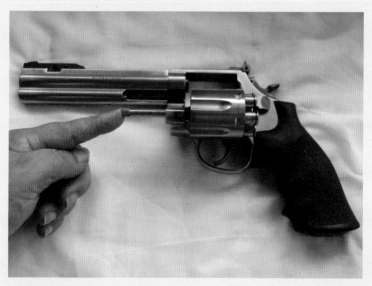

실린더를 옆으로 빼서 실린더 축(ejector rod)을 밀면 한 번에 탄피 6개를 제거
할 수 있다.

리볼버 격철을 젖히는 방식

싱글 액션과 더블 액션으로 구분하다

초기 리볼버, 예를 들어 서부 영화에 자주 등장하는 콜트 피스 메이커는 싱글 액션(single action) 방식이기 때문에 한 발 쏠 때마다 손가락으로 격철을 뒤로 젖혀야 한다. 손이 큰 사람이라면 총을 쥔 한 손으로 가능한 동작이지만, 손이 작은 사람은 다른 한 손을 사용하는 편이 오히려 빨랐다.

총을 빨리 쏘려면 권총을 오른손으로 들고 왼손 손바닥으로 격철을 젖혀서 쏘고, 다시 젖혀서 쏘고를 재빨리 반복하는 패닝(fanning)이라는 동작을 한다. 이는 서부 영화를 보면 간혹 볼 수 있는 장면인데, 조준 사격이 아니기 때문에 매우 가까운 거리에서 빨리 쏴야 할 때만 사용한다.

이런 불편함 때문에 손가락으로 격철을 젖힐 필요 없이 방아쇠를 당기는 힘만으로 격철을 젖히고 방아쇠를 끝까지 당기면 격발되는 형태인 더블 액션(double action)이 개발됐다. 방아쇠를 당기는 힘만으로 총을 쏠 수 있어 편리하다. 그러나 방아쇠를 당기는 힘으로 격철뿐만 아니라 실린더도 돌려야 해서 손가락의 힘이 강해야 하고, 방아쇠를 당기는 거리도 길다.

이 때문에 목표를 정확히 조준해도 방아쇠를 당기는 힘이 강해 흔들리기 십상이었다. 그래서 시간이 충분하고 사격을 정확히 해야 할 때는 더블 액션 권총이라고 해도 손가락으로 격철을 젖혀 싱글 액션으로 격발하고, 급할 때만 더블 액션으로 격발한다. 오늘날 대부분 리볼버는 싱글 액션과 더블 액션 두 가지 방식 모두 사용할 수 있지만, 근거리 호신용으로 더블 액션 온리(double action only)인 권총도 있다.

옛날 리볼버는 싱글 액션으로 한 발 쏠 때마다 격철을 젖혀야 했다.

오늘날 대부분 리볼버는 더블 액션으로 방아쇠를 당기는 힘만으로 격철을 젖힐 수 있다.

4-03 자동 권총

오토매틱은 뭐가 자동인가?

자동 권총은 무엇이 자동일까? 자동 권총은 약실로 실탄을 보내는 것이 자동이다. 리볼버도 더블 액션이라면 방아쇠를 당기는 힘만으로 6발이나 7발이 장전된 실탄을 신속히 발사할 수 있다.

리볼버는 모두 발사하고 나면 수동으로 빈 탄피를 제거하고 약실에 실탄을 재장전해야 한다. 6발 리볼버라면 약실 6개에 손가락으로 실탄을 하나씩 장전한다. 이에 비해 자동 권총은 약실로 실탄을 보내고 발사 후 탄피를 배출하는 일이 자동으로 이뤄진다.

자동 권총의 조작 순서를 살펴보자. 먼저 탄창에 실탄을 넣는 일은 수동이다. 실탄을 다 넣은 탄창을 총에 삽입한다.

❶ 슬라이드를 끝까지 뒤로 당긴다. 이때 격철도 젖혀진다.

❷ 손을 떼면 슬라이드는 용수철의 힘으로 전진하고, 이때 탄창에서 한 발이 약실로 보내진다.

❸ 방아쇠를 당기면 격철이 공이를 쳐서 탄환이 발사된다.

❹ 탄환을 발사한 반동이 탄피를 뒤로 밀고 슬라이드를 후퇴시킨다. 탄피가 배출된다.

슬라이드는 용수철의 힘으로 다시 전진하고 탄창에서 실탄 한 발을 약실로 보낸다. 첫 번째 실탄은 수동으로 슬라이드를 당겨야 하지만, 2발째부터는 발사 반동을 이용해 탄피가 배출되고 다음 실탄을 약실로 공급하는 일이 자동으로 이뤄진다. 이것이 바로 자동 권총이다.

❶ 슬라이드를 당긴다. 격철이 젖혀진다.

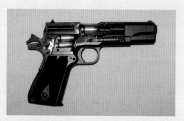

❷ 슬라이드에서 손을 떼면 용수철의 힘으로 슬라이드가 전진한다.

❸ 방아쇠를 당기면 격철이 공이를 쳐서 탄환이 발사된다.

❹ 반동으로 슬라이드가 후퇴하고 탄피는 배출된다.

오토매틱 권총으로 유명한 M1911. 콜트 거버먼트(Colt Government)라는 이름으로 알려졌다.

4-04 더블 액션 자동 권총
자동 권총을 왜 더블 액션 방식으로 만드는가?

자동 권총은 첫 발을 쏘기 위해서 손으로 슬라이드를 당겨야 한다. 이래서는 리볼버를 소지한 적을 만났을 때 불리하다. 슬라이드를 당기는 동안 리볼버에게 당할 테니까 말이다.

미리 슬라이드를 당겨서 약실로 실탄을 보내놓고 방아쇠만 당기면 발사되게 만든 후 안전장치를 걸어두면 되지만, 아무리 안전장치라고 해도 격철이 젖힌 상태라는 게 불안하다.

그래서 자동 권총에도 더블 액션 방식이 적용됐다. 이렇게 하면 방아쇠를 당기는 것만으로 발사할 수 있다.

영화 007 시리즈의 제임스 본드가 애용한 발터(Walther) PPK나 애니메이션 루팡 3세에서 루팡이 사용한 발터 P-38이 대표적이다. 오늘날에는 많은 자동 권총에 더블 액션 기능이 있다. 9mm 자동 권총 SIG-P220을 비롯해 세계 각국의 군용 권총은 대부분 더블 액션 방식이다.

더블 액션 자동 권총은 약실에 실탄을 장전한 후 손가락으로 격철을 잡아 방아쇠를 당기는 조작을 하지 않더라도 디코킹 레버(decocking lever)라는 장치가 대부분 있어 이를 누르면 안전하게 격철을 작동시킬 수 있다.

제2차 세계대전 당시 독일은 세계 최초로 더블 액션 방식을 적용한 발터 P-38
을 개발했다.

오늘날 대부분 군용 권총은 더블 액션이며, 9mm 자동 권총 SIG-P220도 더
블 액션 방식이다.

4-05 리볼버와 오토매틱

장점과 단점이 분명하다

리볼버라도 더블 액션 방식은 방아쇠만 당기면 6발이든 7발이든 쏠 수 있다. 그러나 더블 액션은 방아쇠를 당길 때 힘이 많이 들기 때문에 명중률이 떨어진다. 반면 오토매틱은 가볍게 방아쇠를 당길 수 있다. 그렇지만 '권총은 2~3m 정도의 근거리 호신용이니 명중률은 상관없다.'라고 생각한다면 그리 문제가 될 수준이 아니다.

리볼버는 약실이 6개, 7개 있어 미리 약실에 실탄을 장전하기 때문에 실수할 가능성도 없다. 그러나 오토매틱은 슬라이드의 움직임으로 탄창에서 실탄을 끄집어내어 약실로 보내는 구조이기 때문에 원활히 작동하지 않을 가능성도 있다. 불발 시 리볼버는 방아쇠를 당기면(싱글 액션은 격철을 젖히면) 다음 약실로 넘어가는 데 비해 오토매틱은 손으로 슬라이드를 당겨서 불발탄을 제거하고, 다음 실탄을 약실로 보내는 조작을 해야 한다.

전쟁과 같이 실탄을 대량으로 사용하는 경우라면 오토매틱이 적절하겠지만 근거리 상황에서 순간적으로 몇 발 쏘는 경우라면 리볼버의 신뢰도가 높다. 특히 총이 진흙투성이라면 리볼버의 신뢰도가 훨씬 높다. 또 리볼버는 가방이나 주머니 속에서도 순간적으로 발사할 수 있지만, 오토매틱이라면 2발째부터 정상적으로 발사할 수 없다. 슬라이드가 후퇴하면서 탄피가 빠져야 하는데 가방이나 주머니 속에서는 원활하지 않아 다음 실탄이 정상적으로 장전되지 못한다.

리볼버는 실탄을 많이 장전할 수 있는 것일수록 실린더의 직경과 부피가 커져 무거워진다. 5발 실린더 정도라면 문제없지만, 이 이상은 오토매틱보다 리볼버가 무겁다.(총의 형태에 따라 일관적이지는 않음)

근거리에서 순간적으로 빼서 쏠 때는 리볼버가 유리하다. 사진은 S&W-M649.

위력적인 측면에서도 리볼버가 우세하다. 사진은 세계 최강의 권총 S&W
-M500.

4-06 권총의 명중률

경기와 실전은 얼마나 차이 날까?

올림픽 종목 중 하나인 프리 피스톨(free pistol) 경기에서 표적 '10점권'의 직경은 10cm다. 메달권 선수들은 50m 거리에서 대부분 10점권을 맞힐 수 있다.

물론 경기에 특화된 특수 제작 단발 권총을 사용하고, 실탄도 22 림 파이어이며 화약도 미량이라 충격음을 귀마개로 충분히 막을 수 있다. 물론 아무리 명중률이 높다고 해도 이런 권총으로 전장에 나갈 수는 없다.

실전용 권총으로 25m 거리에서 직경 30cm 전후의 원형 과녁에 맞힐 수 있다면 평균적인 실력이라고 볼 수 있다. 이처럼 권총으로 원하는 목표에 정확히 맞히기는 쉽지 않다. 최고의 '명사수'라면 100m 거리에서 사람 크기의 과녁을 맞힐 수도 있겠지만, 보통 사람이라면 불가능에 가깝다.

모래주머니에 총을 올려 받쳐놓고 쏘면 25m 거리에서 10cm 정도의 과녁을 맞힐 수 있을 정도로 명중률이 올라간다. 총을 기계에 고정해서 쏘면 5cm 정도의 과녁도 맞힐 수 있다. 그러나 실제 총격전이 벌어진다면 정신이 없어서 25m 거리에서도 전혀 맞힐 수 없다.

보통 총신이 길수록 명중률이 높다고 생각하는데 실제로는 꼭 그렇지도 않다. 총신이 길면 가늠쇠와 가늠자의 거리가 멀어지기 때문에 조준 오차가 발생해 정확도가 떨어진다. 이는 망원경을 장착해서 쏘면 알 수 있는데 '총신이 긴 총이 명중률이 높다.'라는 설은 잘못된 말이다.

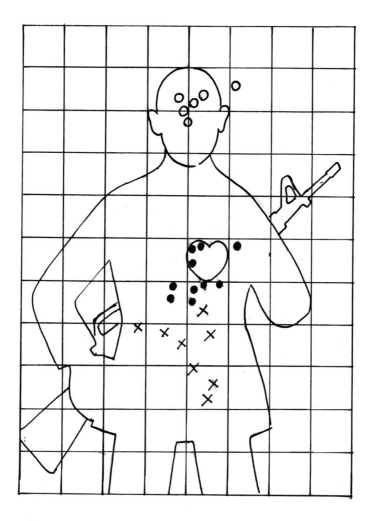

○는 S&W−M685, ●는 SIG−P226, ✕는 발터 P−380이다. 사수는 사격 경험이 있는 사람이지만 각각의 총은 처음 경험했다. 연습하면 명중률은 더 올릴 수 있으며 누구나 수십 발 정도 연습하면 이 정도 맞힐 수 있다.

4-07 자동 권총의 작동 방법

블로백과 쇼트 리코일은 총신 구조가 다르다

자동 권총은 탄환을 발사한 화약의 폭발력이 탄피를 뒤로 밀치면서 슬라이드가 후퇴해 실탄이 자동으로 장전된다. 이를 블로백(blow back) 방식이라고 한다. 블로백 방식의 특징은 총신이 고정돼 있다는 점이다.

위력이 약한, 즉 탄피 속 화약량이 적은 총이라면 블로백 방식도 안전하다. 22 림 파이어나 발터 PPK에 사용하는 32APC(7.65×17이라도 함. 4.73g짜리 탄환을 화약 0.16g으로 발사) 정도까지는 블로백 방식으로도 문제가 없다.

세계 많은 나라의 군용 권총탄에 사용하는 9×19(9mm 루거탄이라고도 함)는 7.45g짜리 탄환을 화약 0.42g으로 발사하는데, 이 정도면 단순 블로백 방식만으로는 화약의 힘이 너무 강력해서 총신 안의 압력이 높을 때 슬라이드가 열릴 수가 있어 위험하다.

이 같은 이유로 슬라이드와 총신에 맞물리는 장치를 만들어 순간이지만 총신과 슬라이드가 결합된 채로 후퇴하는 구조가 있다. 이를 이용해 총신 안의 압력이 낮아질 때까지 총신과 슬라이드가 떨어지는 것을 지연한다. 이를 쇼트 리코일(short recoil) 방식이라고 하며, 대형 권총 대다수가 이 방식을 채택한다. 참고로 결합 방식은 다양하다.

한편 서브 머신 건은 9×19나 그 외의 강력한 군용탄을 사용해도 대부분 블로백 방식으로 제작한다. 이는 서브 머신 건의 슬라이드(이 경우 정식 명칭은 볼트[bolt])가 권총의 슬라이드보다 몇 배나 무거워서 탄피가 뒤로 밀려나는 시간을 지체하기 때문이다.

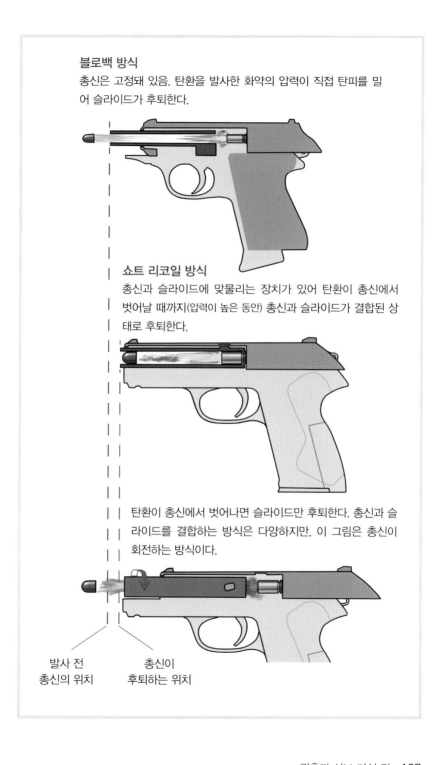

블로백 방식

총신은 고정돼 있음. 탄환을 발사한 화약의 압력이 직접 탄피를 밀어 슬라이드가 후퇴한다.

쇼트 리코일 방식

총신과 슬라이드에 맞물리는 장치가 있어 탄환이 총신에서 벗어날 때까지(압력이 높은 동안) 총신과 슬라이드가 결합된 상태로 후퇴한다.

탄환이 총신에서 벗어나면 슬라이드만 후퇴한다. 총신과 슬라이드를 결합하는 방식은 다양하지만, 이 그림은 총신이 회전하는 방식이다.

발사 전
총신의 위치

총신이
후퇴하는 위치

4-08 서브 머신 건의 격발 방식

방아쇠를 당기면 볼트가 전진한다

대부분 총은 볼트(bolt. 노리쇠)가 전진해 약실에 실탄이 장전되면, 발사 준비가 완료된다. 방아쇠를 당기면 격철이 쓰러지면서 격침을 타격하고 뇌관을 때려서 탄환이 발사된다.

그런데 대부분 서브 머신 건은 격철이 없고, 볼트가 격철을 대신한다. 발사 전 볼트는 후퇴 위치에 있다. 방아쇠를 당기면 용수철의 힘으로 볼트가 전진해 탄창에서 실탄을 끄집어내 약실로 밀어 넣음과 동시에 발사한다. '다다다다.' 소리를 내며 발사되고 방아쇠에서 손가락을 떼면 볼트는 후퇴 위치에서 멈춘다.

서브 머신 건 대부분은 독립된 격침조차 없다. 그저 볼트의 중앙이 뇌관을 강하게 타격하는 구조가 많다. 소총에 비해 매우 단순하며 장난감 같다는 생각이 들 정도다. 이 덕분에 서브 머신 건은 저렴하게 대량 생산이 가능하다.

서브 머신 건은 블로백, 즉 총신과 볼트를 결합하는 장치 없이 탄환을 발사한 화약의 압력으로 탄피를 뒤로 밀어내고 볼트를 후퇴시킨다. 볼트가 무겁지 않으면 총신 안의 압력이 높을 때 볼트가 뒤로 밀려나서 위험하다.

이런 이유로 서브 머신 건의 볼트는 크고 무겁게 제작하며, 볼트 자체의 무게만으로도 권총 한 정의 무게에 달한다. 이 무거운 볼트가 앞뒤로 거칠게 철커덩거리며 탄환이 발사되기 때문에 정확히 조준해 사격하는 용도의 총은 아니다.

오픈 볼트 파이어링(open bolt firing. 개방 노리쇠 방식)

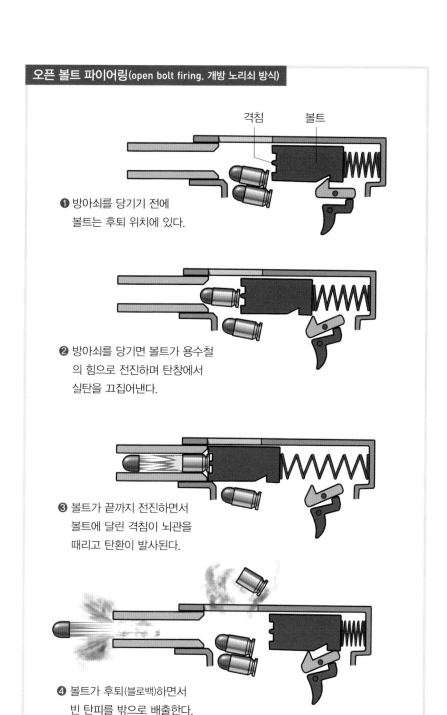

격침　　볼트

❶ 방아쇠를 당기기 전에
　볼트는 후퇴 위치에 있다.

❷ 방아쇠를 당기면 볼트가 용수철
　의 힘으로 전진하며 탄창에서
　실탄을 끄집어낸다.

❸ 볼트가 끝까지 전진하면서
　볼트에 달린 격침이 뇌관을
　때리고 탄환이 발사된다.

❹ 볼트가 후퇴(블로백)하면서
　빈 탄피를 밖으로 배출한다.

4-09 명중률을 중시한 MP5

대테러 부대용 권총탄을 사용한다

제2차 세계대전 당시에는 많은 나라의 군대가 소총과 서브 머신 건을 병용했다. 그러나 서브 머신 건은 명중률이 낮고 위력이 약하며 사정거리도 짧았다. 돌격총이 보급되자 군대에서는 주로 탄환을 휘갈겨 쓰는 용도로만 사용했다. 이후 서브 머신 건은 군대보다는 오히려 경찰의 대테러용 장비로 각광을 받았다.

왜냐하면 돌격총은 기존 보병총에 비해 위력이 절반인 실탄을 사용하지만, 근거리에서 콘크리트 블록을 관통할 정도로 위력적이기 때문에 경찰이 돌격총으로 범인을 잘못 쏘면 벽을 관통해 건너편에 있는 무고한 사람이 피해를 볼 수도 있다. 경찰은 위력이 다소 떨어지는 총이 필요했다.

서브 머신 건은 휘갈겨 쓰기 때문에 명중률이 낮다. 범인 근처에 일반인이 있을 가능성 때문에 기존 서브 머신 건도 적절하지 못하다. 이런 이유로 등장한 것이 독일 헤클러 운트 코흐(Heckler & Koch)사의 MP5다.

MP5는 권총탄을 사용하는 서브 머신 건이지만, 구조적으로는 권총탄을 사용하는 미니 소총이다. 볼트가 탄창에서 실탄을 약실로 보낸 뒤, 볼트를 잠그고 방아쇠를 당기면 격철이 작동한다. 다른 서브 머신 건과는 달리 한 발 한 발 조준 사격할 수 있다. 이런 이유로 MP5는 독일뿐만 아니라 세계 많은 나라의 대테러 부대가 사용하고 있다. MP5는 롤러 로킹(roller locking) 방식이라는 독특한 메커니즘을 채용했는데, 이는 독일군의 G3 소총에 사용하던 메커니즘을 그대로 서브 머신 건에 응용한 것이다.

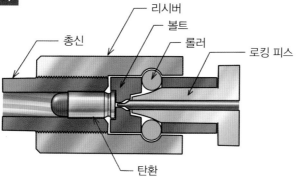

탄환을 발사한 화약의 압력이 탄피를 밀어낸다. 롤러가 리시버의 홈에 맞물려 있어서 로킹 피스를 뒤로 밀어낼 때 리시버의 홈에서 빠져나올 수 있을 정도의 힘이 필요하다. 이러한 잠금장치는 탄환이 총신에서 벗어날 때까지 볼트의 후퇴를 지연한다.

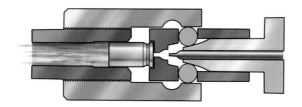

일본에서도 기동대에 속하는 총기 대책 부대가 MP5를 장비한다. (사진: EPA=시사)

권총, 서브 머신 건도 경량 고속탄 시대?

기존 권총탄은 작고 두꺼워 속도가 느리지만, 최근에는 소구경 고속탄이 개발되면서 방탄조끼 무력화에 초점을 맞추고 있다. 벨기에에서 개발한 5.7×28 실탄을 사용하는 FN P90 서브 머신 건이나 FN Five-seveN 권총, 독일에서 개발한 4.6×30 실탄을 사용하는 헤클러 운트 코흐사의 MP7 서브 머신 건이나 P46 권총, 중국에서 개발한 5.8×22 실탄을 사용하는 05식 서브 머신 건이나 92식 권총 등이 있다.

총의 반동은 탄환이 무거울수록 강하다. 기존 권총탄은 화약량이 적음에도 불구하고 탄환이 무겁기 때문에 반동이 상당히 컸다. 그러나 이들 소구경 권총탄을 사용하는 권총은 놀라울 정도로 반동이 작다.

구경 5.7mm의 FN Five-seveN

PART 5

라이플

5-01 볼트 액션
가장 신뢰도가 높은 방식이다

오늘날 군대에서 사용하는 소총은 모두 자동소총이지만 사격 경기나 사냥을 할 때는 볼트 액션이 주류다. 명중률이 높고 신뢰도와 안정성이 뛰어나기 때문이다. 오늘날 보병은 근거리 총격전이 많아서 주로 자동소총을 보급하지만, 수백 미터 이상 떨어지면 자동소총이 유리하다고 할 수 없다. 그래서 저격용 총은 대개 볼트 액션이다.

볼트 액션의 종류는 다양하다. 보통 오른쪽 그림처럼 원기둥 모양의 볼트에 볼트 핸들이라는 손잡이가 달려서 이것을 앞으로 밀면 실탄을 약실로 보낼 수 있다.

볼트 핸들을 옆으로 내리면 볼트 앞부분의 로킹 러그(locking lug)라는 돌기가 총신의 로킹 리세스(locking recess)라는 홈에 맞물려 잠긴다. 방아쇠를 당겨 발사한 후에는 볼트 핸들을 세워서 뒤로 당기면 익스트랙터(extractor)라는 갈퀴가 빈 탄피를 배출한다.

볼트 액션 총의 볼트는 간단히 뒤로 뺄 수 있다. 사냥꾼이나 사격 경기 선수가 총을 운반할 때는 대개 볼트를 빼서 운반하고, 총을 목표물 방향에 두고 볼트를 장착한다. 실수할 여지가 없는 안전한 방법이다.

사냥할 때도 볼트 액션 총이라면 사냥감을 발견한 뒤에 볼트를 왕복시켜 약실로 실탄을 보내거나 약실로 실탄을 보낸 상태일지라도 볼트를 완전히 잠그지 않고 이동한 다음, 사냥감을 쏘기 직전에 볼트를 완전히 전진시켜서 볼트 핸들을 내린다. 이러면 오작동이 발생할 가능성이 없다.

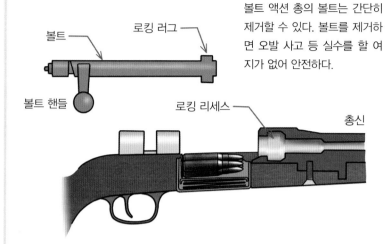

볼트

로킹 러그

볼트 핸들

볼트 액션 총의 볼트는 간단히 제거할 수 있다. 볼트를 제거하면 오발 사고 등 실수를 할 여지가 없어 안전하다.

로킹 리세스

총신

볼트를 전진시켜 실탄을 약실로 보낸다.

로킹 러그

볼트 핸들을 내리면 로킹 러그와 로킹 리세스가 맞물려 잠긴다.

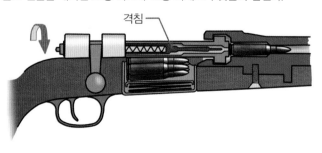

격침

5-02 자동소총

사냥 시 자동소총이 유리한 경우가 있다

오늘날 저격수는 볼트 액션 총을 주로 사용하지만, 근거리전이 많은 일반 병사는 자동소총을 주로 사용한다. 사냥 세계에서도 자동소총이 유리한 경우가 있다. 자동소총은 실탄을 약실로 보낼 때 힘껏 '철커덕' 소리를 내며 조작하지 않으면 제대로 장전되지 않는 경우가 있는데, 사냥감을 발견하고 나서 이 조작을 하면 소리 때문에 사냥감이 도망갈 수 있다.

그래서 조용히 조작할 수 있는 볼트 액션을 선호하는 것인데, 총을 든 채 이동하지 않고 '매복'하는 상황이라면 미리 약실에 실탄을 장전해두고 동료나 사냥개가 사냥감을 자신 쪽으로 몰고 오기를 기다린다. 이 경우 사냥감이 여러 마리거나 쫓아가며 쏴야 할 수도 있기에 한 발로는 부족하다. 이처럼 여러 발을 쏴야 할 때는 사냥할 때도 자동소총이 유리하다.

다만 자동소총은 위력적이지 못하다는 단점이 있다. 볼트 액션에 비해 구조가 복잡한 자동소총은 강력한 실탄을 사용하려면 너무 무거워지기 때문이다. 반동을 생각하면 강력한 실탄을 쏘기에도 자동소총이 유리하지만 웬만한 사냥꾼은 아무래도 총을 들고 산을 이동해야 하므로 가벼운 총을 선호한다.

사냥용 자동소총을 제조하는 곳도 몇 군데 있지만, 구경은 30-06 정도까지다. 매그넘을 사용하는 사냥용 자동 라이플은 브라우닝의 7mm 레밍턴 매그넘이나 300 윈체스터 매그넘 정도가 유일하다. 그래서 매그넘은 볼트 액션 방식이 주류다.

브라우닝 암즈(Browning Arms)사의
바(BAR)는 사냥용 자동 라이플의 대표다.

5-03 레버 액션
서부 영화에 자주 등장하며
미국에서는 인기가 많다

레버 액션은 볼트를 앞뒤로 동작하는 언더 레버(핑거 레버)라는 레버를 조작해 탄창에서 약실로 실탄을 보내는 형식을 말한다.

레버 액션 총은 보통 총신 아래에 총신과 수평으로 길게 뻗은 튜브 탄창이 있다. 튜브 탄창은 앞 실탄 바닥의 뇌관에 뒤 실탄의 머리 부분이 접촉하기 때문에 머리가 뾰족한 첨두탄은 위험해서 사용하지 않는다. 또 기관부의 구조상 문제로 볼트 액션이나 자동소총처럼 강력한 총을 만들 수 없다.

볼트 액션보다 빠른 사격이 가능하지만, 군용으로 보급되지 못한 이유는 엎드려 쏠 때 언더 레버의 조작이 불편하고 강력한 옛날 보병총용 실탄을 사용할 수 없었기 때문이다. 미국에서는 서부 영화의 영향으로 인기가 높지만, 다른 나라에서는 극히 존재감이 없는 형식이다.

그렇지만 멧돼지를 근거리에서 사냥할 때 최적화된 총이기 때문에 사냥꾼 중에 레버 액션을 사용하는 사람도 있다. 가볍고 가느다란 총이기 때문에 한 손에 총을 들고 다른 손으로 경사면의 잡초나 나무를 잡으면서 이동해야 할 때 편리하다.

좀 더 강력하고 원거리 사격이 가능한 레버 액션을 추구하면서 상자형 탄창을 사용하고 내부 부품도 강화한 유형이 제작됐지만, 레버 액션 특유의 경쾌함을 잃어버려 오히려 자동소총 또는 볼트 액션 형식을 더 선호하게 됐다. 역시 이런 총의 매력은 사정거리나 위력보다는 경쾌함이다.

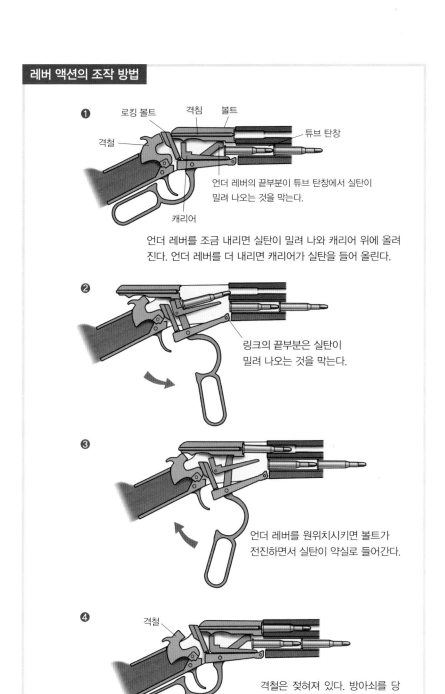

❶

로킹 볼트　격침　볼트

격철

튜브 탄창

언더 레버의 끝부분이 튜브 탄창에서 실탄이
밀려 나오는 것을 막는다.

캐리어

언더 레버를 조금 내리면 실탄이 밀려 나와 캐리어 위에 올려
진다. 언더 레버를 더 내리면 캐리어가 실탄을 들어 올린다.

❷

링크의 끝부분은 실탄이
밀려 나오는 것을 막는다.

❸

언더 레버를 원위치시키면 볼트가
전진하면서 실탄이 약실로 들어간다.

❹

격철

격철은 젖혀져 있다. 방아쇠를 당
기면 발사된다.

5-04 강선 가공법
커터 방식부터 콜드 해머 방식까지

20쪽에서 살펴본 바와 같이 라이플이란 본래 총신 내부에 파인 강선을 뜻하지만, 미국에서는 '라이플'이 소총을 의미하는 것으로 정착됐기 때문에 강선을 별도로 라이플링이라고 한다.

100여 년 전에는 강선을 장인들이 하나하나 홈을 파서 작업했다. 이를 커터(cutter) 방식이라고 하는데 지금은 사라진 방식이다. 이후 제2차 세계 대전 전에 브로치(broach) 방식이 등장했다. 톱니바퀴 모양을 한 여러 개의 날이 간격을 두고 붙어 있는 금속봉을 총신에 넣고 돌리면서 빼내면, 총신 내경이 깎이면서 강선이 만들어지는 방식이다.

제2차 세계대전 이후부터 버튼(button) 방식이 보급됐다. 톱니바퀴 모양을 한 매우 단단한 재질의 금속 뭉치가 봉의 끝에 달려 있는데, 이 봉을 총신에 넣고 돌려 빼며 강선을 만든다. 이 방식은 브로치 방식과 유사하지만 '깎아낸다'기보다는 강한 힘으로 '찍어 누른다'는 표현이 더 어울린다.

마지막으로 대규모 공장에서 사용하는 콜드 해머(cold hammer) 방식이 있다. 이는 강선이 새겨진 긴 봉을 총신 안에 넣고, 기계의 힘으로 두들겨 강선을 만드는 방식이다. 옛날에는 철을 벌겋게 달궈야 했지만 두들기는 힘이 강하면 그럴 필요가 없다. 이를 냉간단조(冷間鍛造) 방식이라고 한다. 총신뿐만 아니라 다양한 기계 부품을 만들 때도 활용한다. 하지만 기계가 고가라서 큰 제조사만 보유하고 있고, 중소기업은 버튼 방식을 주로 사용한다.

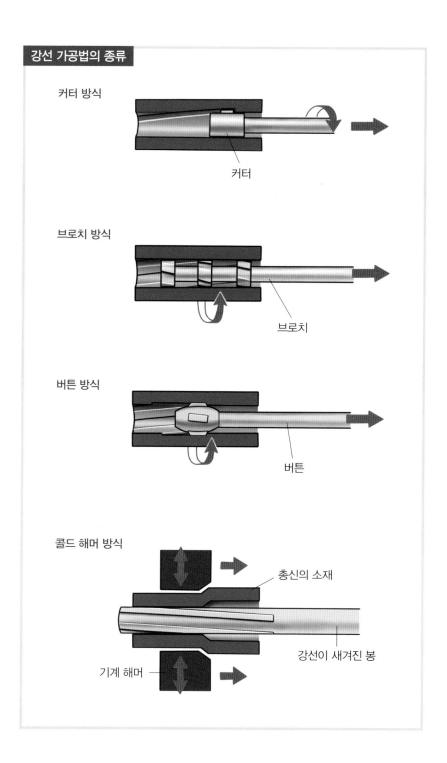

강선 가공법의 종류

커터 방식

커터

브로치 방식

브로치

버튼 방식

버튼

콜드 해머 방식

총신의 소재

강선이 새겨진 봉

기계 해머

5-05 강선의 전도

긴 탄환일수록 강한 회전력이 필요하다

강선의 비틀림(twist) 강도를 전도(轉度)라고 한다. 전도는 총의 종류보다는 탄환의 종류에 따라 다르다.

굵고 짧은 탄환보다 가늘고 긴 탄환일수록 회전수를 높여야 안정적으로 날아간다. 그래서 가늘고 긴 탄환을 사용하는 총은 전도도 강해야 한다. 즉 권총보다 소총의 전도가 더 강해야 한다.

예를 들어 굵고 짧은 탄환을 사용하는 콜트 거버먼트 권총의 전도는 406mm당 1회전이다. 그러나 일본의 99식 소총은 248mm당 1회전, 38식 보병총은 229mm당 1회전이다. 38식은 원거리 사격을 중시하기 때문에 가늘고 긴 탄환을 사용한다.

미국의 M16 소총도 초기에는 305mm당 1회전이었지만 후에 원거리 사격 성능을 높이려고 다소 긴 탄환을 사용하면서 178mm당 1회전으로 변경됐다.

탄환은 총신 내부에서 화약의 압력으로 가속한다. 점점 속도가 빨라지기 때문에 강선의 전도도 처음에는 약하다가 총신 앞으로 갈수록 강해지는 것이 좋다. 이런 강선의 전도를 점진전도(漸進轉度)라고 한다. 이에 비해 처음부터 마지막까지 일정한 전도를 유지하는 것을 등제전도(等齊轉度)라고 한다. 필자는 점진전도를 실제로 경험해본 적이 있는데, 가공이 어려운 반면 명중률과 총신 내구성이 좋지는 않았다. 결국 총포의 강선은 등제전도 방식이 주류다.

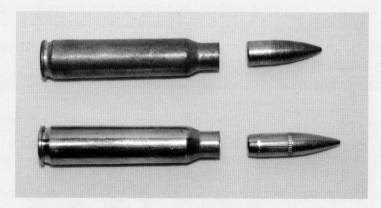

베트남 전쟁 때 사용된 5.56mm 실탄 M192의 탄두는 중량 3.56g, 길이 19.1mm. 현재 M855의 탄두는 중량 4.0g, 길이 23.3mm. 실탄의 외측은 동일하지만 M855의 긴 탄두는 그만큼 탄피 안으로 깊이 들어간다.

M192 실탄을 사용하는 M16A1의 강선은 305mm당 1회전한다.

M855 실탄을 사용하는 M16A2의 강선은 178mm당 1회전한다.

5-06 명중률이 높은 총신의 조건

총신은 진동한다

총신은 철로 된 봉의 긴 드릴로 구멍을 뚫어서 제작한다. 그 구멍은 똑바른 것처럼 보이지만 미묘한 오차가 있다. 또한 총신은 화약이 폭발해서 탄환이 강선을 파고들며 전진하기 때문에 내부에서 큰 충격을 받아 진동한다.

지금은 기술이 발달해 그렇게 심하지는 않지만, 옛날에는 0.5mm나 진동하는 총신도 있었다고 한다. 이래서는 수백 미터 떨어진 좁은 과녁을 명중시킬 수 없다. 총신이 휘지 않은 총을 고르면 되지만 그 휘어짐은 측량하기 어려울 정도로 미묘하다.

결국 진동을 막기 위해서는 두꺼운 총신을 사용할 수밖에 없다. 그래서 저격용 총이나 경기용 라이플은 무거워서 이동이 불편하더라도 두껍고 무거운 총신을 사용한다. 올바른 사격 자세를 취할 수 있다면 무거운 총이 안정적이다.

총신이 길다고 명중률이 우수하지는 않다. 총신이 길면 가늠쇠와 가늠자의 거리가 멀어지기 때문에 '조준 오차'를 인지하기 쉬울 뿐이다. 엄밀히 말해 조준이 정확해지는 것이다. 단순히 총신이 길 뿐이라면 총 끝의 작은 흔들림에도 진동이 커지기 때문에 역효과다. 라이플 총신의 길이는 대개 50cm 정도면 충분하다. 다시 말해 총신의 길이보다는 두께가 중요하다.

물론 의미 없이 무겁기만 한 총은 산속을 이동하기에 너무 불편하다. 이 때문에 두꺼운 총신에 홈을 파서 가볍게 하기도 한다. 이렇게 하면 얇은 총신을 보완할 수 있고, 가볍지만 진동을 억제할 수도 있다.

고급 사냥용 라이플로 유명한 웨더비 Mark V. 얇고 아름다운 라이플이지만 총신이 얇아서 가격 대비 명중률은 높지 않다.

가격이 저렴한 레밍턴 M700이 무겁기는 하지만, 총신이 두꺼워 명중률이 높다.

5-07 연소 가스를 이용한 작동
대다수 자동 라이플은 가스를 이용한다

제4장에서 설명한 바와 같이 극히 위력이 약한 실탄을 사용하는 총 중에는 '블로백 방식'을 이용하기도 한다. 그러나 권총탄조차도 다소 강력한 것은 '볼트'(노리쇠)를 잠그는 장치가 필요해서 MP5처럼 '롤러 로킹 방식'(130쪽 참고)도 이용했지만 그리 주목받지 못했다. 자동 권총은 '쇼트 리코일 방식'이 많은데 총신이 움직이기 때문에 명중률이 중요한 라이플에는 적합하지 않다. 그래서 대부분 자동 라이플은 가스를 이용한다. 총신에 뚫린 작은 구멍을 통해 화약 연소 가스를 흡입해 피스톤을 움직이는 방식이다.

피스톤은 슬라이드(미국에서는 볼트 캐리어라고 함)를 작동시키는 역할을 하며 슬라이드가 볼트와 간격이 있어 슬라이드가 어느 정도 움직일 때까지 볼트는 움직이지 않는 구조다. 슬라이드가 볼트 액션 총처럼 볼트와 총신의 잠금을 해제한다.

볼트를 잠그는 방식은 M16이나 AK-47에 사용하는 회전식 잠금 방식이 대부분이지만 일본의 64식, 벨기에의 FAL, 러시아의 SKS 등 돌기 잠금 방식(오른쪽 그림 참고)도 상당수 있다. 돌기 잠금 방식이란 볼트 아래의 돌기 부분이 리시버의 움푹 팬 홈에 걸려서 잠기고, 그것을 슬라이드가 들어 올려서 잠금을 해제하는 방식이다.

대부분 총에는 피스톤이 장착돼 있지만, M16처럼 피스톤 없이 가늘고 긴 튜브를 가스가 통과해 직접 슬라이드의 머리 부분에 분사되는 방식도 있다. 이처럼 같은 가스 이용식이라고 해도 종류가 다양하다.

가스를 이용한 돌기 잠금 방식의 예

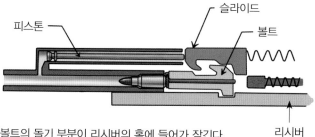

❶ 볼트의 돌기 부분이 리시버의 홈에 들어가 잠긴다.

❷ 화약의 연소 가스가 피스톤을 밀면 슬라이드가 작동한다.

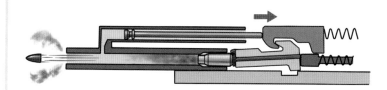

❸ 탄환이 총신을 벗어나면 슬라이드가 볼트를 들어 올려서 잠금을 해제한다.

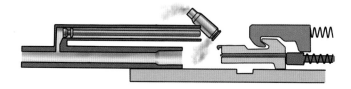

❹ 탄피가 제거되고 볼트와 슬라이드는 다시 전진한다.

소염제퇴기란?

오늘날 총의 대부분은 총구부에 소염제퇴기(消炎制退器)가 달렸다. 소염기(flash hider)는 사격 시 총구염(銃口炎. 총구가 내뿜는 불꽃)을 없애고 반동을 가볍게 해준다. 총구염은 적에게 위치를 노출시키고 사격 시 눈을 부시게 해 위험하다.

화약은 성분 자체에 산소를 포함한다. 이 산소는 총신 안에서 연소해 수증기와 이산화탄소가 돼야 하는데, 실제로는 다소 산소가 부족해서 고온의 일산화탄소가 돼 총구로 뿜어 나온다. 일산화탄소가 공기 중의 산소와 반응하면 불꽃이 만들어지기 때문에 총구염이 발생한다.

소염기는 가스를 급속히 확산시켜 온도를 낮추므로 불꽃, 즉 총구염이 생기지 않도록 해준다. 제퇴기는 맹렬한 가스 분출을 막아 총이 앞으로 밀려나는 효과를 이용해 총의 반동을 다소 상쇄하는 역할을 한다. 두 가지 역할을 동시에 하기에 소염제퇴기라고 한다. 각국의 여러 제조사는 다양한 형태의 소염제퇴기를 개발하고 있다. 자세히 보면 총의 종류에 따라 소염제퇴기 형태도 다양하다.

일본 자위대의 89식 소총에 소염제퇴기가 달렸다.

PART 6

기관총

6-01 중기관총과 경기관총

10kg이 넘는 경기관총도 있다

제1차 세계대전 당시 기관총은 매우 무겁고 투박해서 러시아군이 사용하던 맥심 M1910은 65.77kg, 독일의 맥심 08은 66.4kg, 일본의 92식 중기관총은 55.5kg이었다. 이 정도 무게라면 보병의 움직임에 보조를 맞추기 힘들다.(그럼에도 기관총을 들고 돌격했다.)

그래서 제1차 세계대전 때 경기관총이 개발됐다. 묵직한 삼각대(혹은 바퀴 달린 거치대)에 올려진 중기관총과는 달리 좀 투박하지만, 소총 같은 생김새로 총신에 양각대가 달렸다. 아무리 가볍다고 해도 일본의 99식 경기관총은 10kg, 영국의 브렌(Bren) 경기관총은 10.15kg, 러시아의 DPM 경기관총은 12.2kg, 미국의 브라우닝 M1919A6은 14.7kg이었다. 왜냐하면 이 정도의 무게가 아니면 반동이 너무 커서 명중시킬 수 없기 때문이다.

중기관총, 경기관총, 소총은 모두 같은 실탄을 사용하지만 중기관총은 1,000m나 떨어진 적을 맞힐 수 있다. 경기관총은 사수의 솜씨에 따라 다르지만 대개 300m 떨어진 적을 맞힐 수 있고, 소총도 한 발씩 쏜다면 300m 떨어진 목표물을 맞힐 수 있다.

제2차 세계대전 당시 독일군은 MG34, MG42 등 '범용 기관총'을 사용했다. 기본적으로 경기관총이지만 중기관총처럼 삼각대에 거치해 사용할 수도 있다. 제2차 세계대전 후 이를 참고해 세계 각국이 범용 기관총을 사용했다. 속도가 중요한 오늘날에는 명중률이 높다고 옛날식 중기관총을 선호하지는 않는다. 현대전에서 기관총은 보통 범용 기관총을 의미한다.

구일본군이 사용한 92식 중기관총

현재 중국군이 사용하는 67식 범용 기관총. 삼각대에 거치해 중기관총처럼 사용할 수 있고 탈거해서 경기관총처럼 사용할 수도 있다.

6-02 분대 기관총과 중대 기관총

기관총도 소구경 고속탄으로 발전했다

제1차 세계대전 당시의 기관총은 무게가 수십 킬로그램이나 돼 재빠른 보병의 공격에 대응할 수 없었다. 그래서 보병 소대와는 별개로 기관총 부대를 조직해 운용했다. 보병 10명 전후의 팀을 '보병 분대'라고 했는데, 그 후 경기관총이 보급되면서 보병 분대당 한 정씩 보급해 분대 기관총이라고도 불렀다.

중기관총과 경기관총과 소총에 사용하는 실탄은 모두 같다. 왜냐하면 이래야 보급이 편리하기 때문이다. 그런데 제2차 세계대전 후 보병총이 돌격총으로 바뀌면서 기존 보병총의 절반 정도 위력을 가진 실탄을 사용하게 됐다. 분대 기관총도 돌격총과 같은 실탄을 사용하지 않으면 함께 작전을 펼치는 데 큰 불편함이 생긴다. 이에 각국은 돌격총과 같은 실탄을 사용하는 소형 경량 기관총을 제작했다. 유럽이나 미국은 벨기에에서 설계한 5.56mm 기관총(미니미), 러시아는 5.45mm RPK74, 중국은 5.8mm 81식 분대 기관총과 95식 분대 기관총이 유명하다.

제2차 세계대전 때 사용하던 실탄보다 위력이 절반 정도라서 소총에는 적합할지 몰라도 1,000m, 2,000m 거리에서 작전을 전개하기도 하는 기관총에는 부적합했다. 결국 각국은 기존 7.62mm급 기관총을 중대 기관총으로 남겨두기로 했다. 옛날 중기관총처럼 기관총 소대나 기관총반을 조직해 보병을 원거리에서 지원하는 역할을 부여했다. 참고로 미군은 중대 기관총만 기관총이라고 부르고, 분대 기관총은 분대 지원 화기라고 부른다.

벨기에의 국영 총기 제조사인 FN 에르스탈(Fabrique Nationale de Herstal)사
가 개발한 5.56mm 기관총 '미니미'

중국군의 81식 분대 기관총

6-03 대구경 기관총

'총'이지만 '기관포' 같은 형태를 띤다

전쟁 영화를 보면 지프차에 장착된 커다란 기관총을 볼 수 있다. 일본 자위대의 전차나 장갑차 위에도 기관총이 있다. 바로 구경 12.7mm 중기관총이다. 실탄 한 발의 무게는 117g이며 46g짜리 탄환을 화약 15.55g으로 895m/s의 속도로 발사한다. 7.62mm급 기관총의 5배, 5.56mm급 기관총의 10배나 되는 강력한 위력이다. 발사된 탄환은 6km나 날아간다.

2,000m를 날아간 7.62mm 탄환도 살상력이 있을 정도로 강력한데, 이런 어마어마한 기관총이 노리는 것은 무엇일까? 바로 차량이나 헬리콥터다. 100m 거리에서 두께 25mm, 500m 거리에서 두께 18mm의 철갑을 관통할 정도로 위력적이기 때문에 일반적인 장갑차는 쉽게 관통한다.

비행기를 사격하는 일도 있지만 제2차 세계대전 당시의 비행기라도 1,000발 쏘면 한 발 맞히는 수준에 불과했다. 이런 기관총으로 비행기를 격추하려면 평균 1만 발 정도 쏴야 한다.

러시아도 12.7mm 기관총이 있다. 구경은 미국과 같지만, 러시아 기관총은 탄피가 다소 길다. 실탄 한 발 무게가 140g이며 51g짜리 탄환을 화약 17.56g으로 825m/s의 속도로 발사해 미국제보다 다소 강력하다. 이 실탄은 중국제 기관총에도 사용했다. 러시아나 중국에는 이보다 더 대구경인 14.5mm 기관총도 있다. 실탄 한 발 무게가 200g이며 63g짜리 탄환을 화약 28.84g으로 995m/s의 속도로 발사하는 매우 강력한 무기다. 구경이 14.5mm이기 때문에 '총'이지만 기관포에 가까운 형태.

미군이나 일본 자위대가 사용하는 12.7mm 중기관총

러시아군의 12.7mm 기관총

6-04 기관총의 급탄 방식
다양한 형태의 송탄띠가 있다

대부분 기관총은 벨트 급탄 방식이다. 이 벨트를 송탄띠(탄띠)라고 하며 영어로는 feed belt(피드 벨트)라고 한다. 초기에는 재질이 천이었지만 금속 재질이 등장하고 나서 천 재질은 사라졌다. 금속 벨트도 형태가 다양하다.

오른쪽 사진의 ❶은 제2차 세계대전 당시 미국의 기관총이나, 전쟁 이후 일본 자위대의 62식 기관총에 사용한 방식으로 링크(link)라는 금속 도구를 실탄과 조합해서 벨트로 만들었다. 그래서 벨트가 별도로 존재했던 것은 아니다. 사격 후에는 하나씩 분리된 링크가 총 밖으로 배출된다. 이 O형 링크는 일단 실탄을 뒤로 뽑아낸 후에 조금 간격을 두고 약실로 밀어 넣는 동작이 필요하다.

반면 사진의 ❷나 ❸처럼 C형 링크는 실탄이 링크에 절반 정도 물려 있어서 뒤로 뽑아내는 작동이 필요 없고, 바로 약실로 보낼 수 있다. 그만큼 총 구조도 간단하다.

사진 ❸은 지금도 독일이나 러시아가 사용하는 방식인데, 사격 후 분리되지 않고 그대로 총 밖으로 배출된다. 이동 시 불편할 수도 있지만, 기관총은 기본적으로 이동할 때 벨트를 제거한다.(실전이라면 그럴 여유가 없을 때도 있다.) 분리식이 아니라서 구식처럼 보이지만, 배출되는 분리식 링크가 가끔 걸려서 문제를 일으키는 경우가 있다는 사실을 생각하면 분리식이 아닌 벨트도 신뢰도 측면에서 괜찮은 방식이다.

❶ 제2차 세계대전 중에 미군이 사용한 O형 링크. 실탄을 뒤로 빼야 한다.

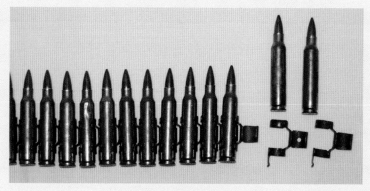

❷ 오늘날의 C형 링크. 앞으로 밀어내면 된다.

❸ 독일이나 러시아에서 쓰는 비분리식 벨트

6-05 다양한 급탄 방식
신뢰도와 편리성을 고려하다

기관총의 급탄 방식 중에는 벨트 급탄 방식이 가장 많이 보급됐다. 수백 발을 쏴도 오작동이 거의 없다는 점이 벨트 급탄 방식의 최고 장점이라고 한다. 그러나 실제로는 '수백 발을 멈추지 않고 연속해서 사격하는 일'은 드물고 벨트는 이동 시 불편하며 가끔 실탄이 걸려 멈추기도 해서 '이게 수백 발을 멈추지 않고 쏠 수 있다고?'라며 고개를 갸우뚱하게 만드는 때도 있다.

아무리 훈련 시 문제없이 작동했다고 해도 실전에는 모래 먼지가 날리거나 눈이 내리기도 하고, 진흙탕을 굴러야 하는 일도 빈번히 발생한다. 아무래도 모래나 흙 또는 눈이 엉겨 붙은 벨트가 총 내부로 들어가면 작동 불량의 원인이 된다.

이 때문에 제2차 세계대전까지는 일본의 92식 중기관총처럼 신뢰도가 높은 클립(clip)판 급탄 방식도 제법 많이 보급됐다. 또한 경기관총에는 소총처럼 상자형 탄창을 쓰는 경우도 많았다. 지금도 러시아의 RPK 분대 기관총에는 상자형 탄창을 이용하는데, 역시 사용하기 편리하고 오작동도 적다. 그러나 30발이나 40발이 들어가는 상자형 탄창은 기관총에는 다소 부족한 면이 있다.

한편 중국군은 지금도 드럼(drum) 탄창 방식의 경기관총을 사용한다. 실탄이 75발 들어가며 눈이나 흙으로부터 실탄을 보호할 수 있다. 그러나 드럼 탄창은 부피가 크다는 단점이 있어 예비 탄창을 몇 개씩 가지고 다닐 수가 없다. 아무래도 벨트 방식이 탄약 상자에 넣거나 몸에 감을 수도 있어 부피가 작을 뿐만 아니라 이동 시에도 편리하다. 일본 자위대가 사용하는 미니미는 벨트뿐만 아니라 소총 탄창도 그대로 사용할 수 있게 제작했는데 다소 복잡하기는 해도 나름 괜찮은 아이디어다.

상자형 탄창을 사용하는 구일본군의 99식 경기관총. 제2차 세계대전 당시의 경기관총은 상자형 탄창을 많이 사용했다.

중국군의 81식 분대 기관총. 실탄이 75발 들어가는 드럼 탄창을 사용한다.

6-06 수랭식과 공랭식, 총신 교환식

다양한 방법으로 총신을 냉각하다

총신은 안에서 화약이 폭발하기 때문에 뜨거워진다. 수십 발만 쏴도 만질 수 없을 정도다. 500발 정도 연속 사격하면 벌겋게 달아오르며 다소 물러진다. 이렇게 달아오른 총신으로 계속 사격하면 총신이 부풀어 올라 마모되거나 못 쓰게 되기도 한다. 그래서 반드시 냉각해야 한다.

제1차 세계대전 때, 기관총 대부분은 총신 외측을 물이 든 관으로 감은 수랭식이었다. 사격하다 보면 물이 점점 증발하기 때문에 사막처럼 식수가 귀한 전장에서는 기관총에 사용할 물을 확보하는 일이 쉽지 않았다. 총 옆에 라디에이터를 설치해서 냉각수를 순환하는 방식도 있었지만, 가뜩이나 무거워서 이동이 불편한 기관총을 더 무겁게 할 뿐이었다. 또한 겨울은 겨울대로 물이 얼지 않도록 주의를 해야 했다.

프랑스의 호치키스 기관총이나 이 계통에 속하는 기관총은 총신 외측에 공기 팬을 설치한 공랭식이었다. 수랭식처럼 냉각 능력은 높지 않았지만 물 걱정이 없고, 총도 가벼웠다. 구일본군의 3년식 기관총이나 92식 기관총은 풀 오토매틱 저격총이라고 부를 만큼 명중률이 높았기 때문에 3~5발씩 나눠 사격하면 1,000m 정도 떨어진 적은 확실히 제압할 수 있었다.

기민한 움직임이 중요한 현대전에서는 무거운 수랭식 기관총은 사용하지 않고 총신 교환식이 일반적이다. 예비 총신(총열)을 가지고 이동하면서 200~300발 쏘면 예비 총신으로 교체하는 방식이다. 교체 시 주의하지 않으면 화상을 입을 수 있어서 내열 장갑이 필수품이다.

미국의 수랭식 기관총, 지금은 사용하지 않는다.

공랭식인 구일본군의 3년식 기관총. 구경 6.5mm인 이 기관총을 구경 7.7mm
로 크게 만든 것이 92식 기관총이다. 구일본군은 공랭식을 선호했다.

쿡 오프

총을 쏘다 보면 총신이 금세 뜨거워진다. 기관총으로 수백 발 쏘면 총신 온도는 수백 도에 이르기도 한다. 지휘관이 "기관총 앞으로!"라고 외치면, 방아쇠에서 손가락을 빼고 총을 들고 달려 나가야 한다. 이때 수백 도나 되는 총신 안에 있는 실탄은 어떻게 될까?

방아쇠를 당기지 않아도 총신의 열로 화약이 발화해 실탄이 발사되는 일이 발생한다.(이를 쿡 오프[cook-off]라고 함) 그래서 오늘날 기관총 대다수는 방아쇠를 당길 때 비로소 볼트가 전진해 실탄을 약실로 보내는 구조다. 약실에 실탄이 없다면 쿡 오프가 일어날 가능성도 없다.

하지만 아래 사진의 중국군 81식 기관총이나 러시아의 RPK 기관총처럼 소총과 마찬가지로 약실에 실탄을 장전하는 방식인 기관총도 있다. 이런 기관총은 쿡 오프가 발생할 가능성이 높다.

전장에서는 총신이 뜨거워진 기관총을 들고 돌격하기도 한다.

7-01 총신과 압력(강압)

1cm²당 압력은?

탄환은 총신 안에서 화약이 발화해 만들어진 압력으로 발사된다. 그럼 총신 속의 압력(강압)은 얼마나 될까? 물론 압력은 어떤 탄환에 어떤 화약을 얼마나 사용하느냐에 따라 다르다. 화약량이 일정하다면 무거운 탄환일수록 압력이 크다. 그리고 화약량과 탄환 무게가 같더라도 화약의 연소 속도가 빠르면 압력이 크다. 또한 탄환 무게는 같아도 구경이 다르다면, 즉 굵고 짧은 탄환과 가늘고 긴 탄환을 비교하면 가늘고 긴 탄환의 압력이 더 크다. 공식적인 압력 단위는 파스칼(pa)이지만 총에 관련한 정보는 미국에 많기 때문인지 압력 단위를 '프사이'(psi. Pound per Square Inch), 즉 '1제곱인치당 몇 파운드의 힘이 작용하는지'로 표기하는 경우가 많다. 그러나 이는 일반인에게는 익숙하지 않은 단위다.

필자는 kgf/cm²가 익숙한 세대고, 독자들도 '메가파스칼'(Mpa), 'psi'보다는 '1cm²당 ○○kg의 압력이 작용한다.'라고 설명하는 편이 이해하기 쉬울 듯하다. 여기서는 kgf/cm²로 표기하겠다. 정리하면 다음과 같다.

$$1Mpa = 10.197kgf/cm^2 = 145.04psi$$
$$1kgf/cm^2 = 14.2233psi = 0.098066Mpa$$
$$1psi = 0.070307kgf/cm^2 = 6,895pa$$

오른쪽 표를 보면, 대표적인 탄약의 최대 강압을 알 수 있다.

여러 실탄별로 정리한 발사약의 양, 탄두 중량, 최대 강압

실탄 명칭	발사약량(g)	탄두 중량(g)	최대 강압(kgf/cm²)
12번 산탄 장탄	1.91	38.98	713
45 ACP	0.32	14.91	1,160
38 스페셜	0.26	10.28	1,310
30 카빈	0.94	7.13	2,672
308 윈체스터	3.11	9.72	3,514
30-06	3.24	9.72	3,657
Cal.50 기관총	15.55	45.94	3,870

기본적으로 발사약량이 많을수록 최대 강압도 높아진다.

강압 측정 장치의 예

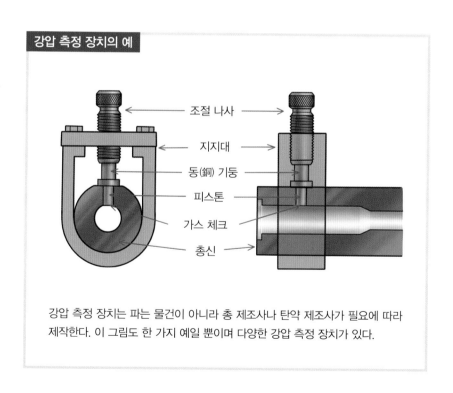

조절 나사
지지대
동(銅) 기둥
피스톤
가스 체크
총신

강압 측정 장치는 파는 물건이 아니라 총 제조사나 탄약 제조사가 필요에 따라 제작한다. 이 그림도 한 가지 예일 뿐이며 다양한 강압 측정 장치가 있다.

강압 곡선

7-02

탄환은 언제 최대 강압에 이르는가?

오른쪽 그래프는 구경 7.62mm, 무게 9.72g(150그레인)짜리 탄환을 화약 3g으로 발사했을 때의 강압 변화를 보여준다. 일반적으로 군대에서 사용하는 기관총이나 소총, 사슴 또는 곰 사냥용 사냥총의 강압 곡선은 서로 유사하다. 총이나 실탄의 종류가 달라도 대부분 이 그래프의 곡선을 크게 벗어나지 않는다.

화약이 폭발하면 압력이 급격히 상승하고 강압은 탄환이 3~4cm 움직인 지점에서 최고치를 기록한다. 이는 1cm^{2}당 3.5t(톤)의 압력에 해당한다. 총신이 파열하지 않고 잘 버텨주는 것도 놀랍지만 탄피 바닥을 막고 있는 볼트인 '로킹 러그'가 부서지지 않는다는 것이 신기할 정도다.

최고 압력에 이르는 시간은 약 1만 분의 1초다. 이후 압력은 탄환이 전진해 총신 내부의 공간이 넓어지면서 급격히 떨어진다. 하지만 총구 부분에서도 1cm^{2}당 400~500kg의 압력이 작용한다.

앞에서도 설명했지만, 강압은 총신에 구멍을 뚫어 피스톤과 동(銅) 기둥을 삽입해 피스톤이 동 기둥을 누르는 힘의 크기로 측정한다. 총신 열 군데를 측정하고자 한다면 총신 10개에 구멍을 하나씩 뚫어 실험해야 한다. 최근에는 동 기둥 대신에 압전소자(壓電素子)를 이용하기도 한다.

세계 각국에서 다양한 총이나 탄약이 만들어지고 있지만 대부분 강압은 약실 부근 압력이 가장 높을 것으로 보이는 한 곳만 측정한다. 그래서 총신 각 부분의 압력 데이터는 매우 적다.

강압(kgf/cm²)

총신 길이(탄환 진행 길이)   (cm)

강압은 탄환이 3~4cm 움직인 지점에서 최고치를 보인다.

7-03 탄환의 초속

실탄 종류마다 속도가 다르다

몇 종류의 유명한 총을 예로 들어 실탄이 얼마나 빠른 초속(初速. 탄환이 총구에서 벗어난 직후의 속도)으로 발사되는지 정리해봤다.(오른쪽 표 참고) 이 표에는 1m/s 단위로 상세히 적혀 있지만 실제 탄환 속도는 매번 다소 차이가 난다. 또한 측정 시의 기온에 따라 달라지기도 하므로 실제로는 보통 10m/s 전후의 차이를 보이기도 한다.

총에 따라서는 다양한 종류의 실탄을 사용하기도 한다. 오히려 종류가 많은 것이 일반적이다. 특히 레밍턴 M700처럼 많이 팔리는 총은 다양한 유형의 실탄을 사용할 수 있도록 제작한다. M700에 사용하는 실탄의 종류가 몇 가지인지는 어쩌면 제조사의 영업사원도 자료를 보지 않으면 정확히 알기 힘들 것이다.

한 가지 실탄에 사용하는 발사약량과 탄두 중량도 다양하다. 예를 들어 '30-06'은 20세기 초반부터 중반까지 미국의 소총과 기관총에 사용한 탄약인데, 사냥용으로도 광범위하게 사용됐다. 군용탄으로 쓰는 보통탄은 '150그레인(9.72g) 탄두'로 정해져 있지만, 사냥용은 제조사 몇 곳에서 탄두 중량이 다른 탄약을 판매하고 있다.

탄두 중량이 다르면 발사약량도 다르다. 또 탄두 중량이 같더라도 제조사가 다르면 발사약도 미묘하게 다르다. 화약의 질에 따라 규정 속도를 맞추기 위해서 탄피 속의 화약량을 미세하게 조절하기도 한다. 그래서 오른쪽에 정리한 표의 숫자는 다소 다를 수 있으니 참고하기 바란다.

각종 총과 탄약의 초속

총의 종류	탄약명	총신 길이 (mm)	발사약량 (g)	탄두 중량 (g)	초속(m/s)
발터 PPK	380 APC	83	0.23	7.45	280
토카레프 M1930	7.62mm 토카레프	115	0.5	5.64	420
난부 14년식	8mm 난부	117	0.32	6.61	340
베레타 M92	9mm 루거	125	0.42	7.45	390
루거 시큐리티 식스	380 스페셜	152	0.53	8.1	285
콜트 M1911	45 ACP	128	0.32	14.91	262
콜트 피스 메이커	45 롱 콜트	138	0.48	14.58	252
루거 M77	243 윈체스터	559	2.78	5.51	956
M16A1	223 레밍턴	533	1.62	3.56	990
M1 카빈	30 US 카빈	457	0.94	7.13	607
M1 개런드 소총	30-06	600	3.24	9.72	853
38식 보병총	6.5mm 아리사카	797	2.14	9.01	762
38식 기병총	6.5mm 아리사카	487	2.14	9.01	708
99식 단소총	99식 7.7mm	655	2.79	11.79	730
92식 중기관총	92식 7.7mm	726	2.86	12.96	731
마우저 kar98k	8mm 마우저	600	3.05	12.83	780
마우저 G98	8mm 마우저	740	3.05	12.83	850
리 엔필드 NO1.MKⅢ	303 브리티시	640	2.43	11.28	745
윈체스터 M70	300 윈체스터 매그넘	609	4.53	11.66	896
윈체스터 M70	338 윈체스터 매그넘	609	4.34	16.2	792
윈체스터 M70	270 윈체스터	609	3.56	8.42	994
레밍턴 M700	30-06	559	3.56	11.66	818

38식 기병총은 38식 보병총의 총신을 310mm 짧게 만든 것이다. 같은 실탄을 사용해도 초속이 54m/s 느리다. 마우저 Kar98k는 마우저 G98의 총신을 140mm 짧게 만든 것이다. 같은 실탄을 사용해도 초속이 70m/s 느리다. 같은 윈체스터 M70의 300 윈체스터 매그넘이라고 해도 11.66g짜리 탄두는 초속이 빠르고, 16.2g짜리 탄두는 초속이 느리다. 무거운 탄두를 발사하면 압력이 높아지기 때문에 화약량도 다소 줄인다.

7-04 총신 길이와 탄환 속도

총신이 길면 탄속도 빠르다?

탄환은 화약이 연소해 생긴 가스의 힘으로 총신 속에서 가속한다. 이후 총구를 벗어나면 가스의 힘이 작용하지 않기 때문에 속도는 더 빨라지지 않는다.(엄밀히 말하면 총구에서 1m가량 떨어진 지점까지는 탄환 뒤로 부는 폭풍으로 속도가 다소 빨라짐)

총신이 길수록 화약의 연소 가스가 탄환을 미는 힘이 오래 작용하기 때문에 속도는 빨라진다. 그러나 167쪽 그래프에도 나타난 바와 같이 탄환이 총신을 통과하는 마찰 저항은 매우 크기 때문에 그 마찰을 이겨내고 탄환을 가속할 정도의 압력이 아니면 그 이상 빨라지지 않는다. 따라서 총신의 한계 길이가 정해져 있으며, 실탄 종류에 따라 다르지만 대개 70~80cm 정도다. 이 때문에 총신 대부분은 그렇게 길지 않다.

오른쪽 그래프는 구경 7.62mm, 무게 9.72g(150그레인)짜리 탄두를 화약 3g으로 발사했을 때의 가속 상태를 나타낸 것이다. 총신 길이는 50cm(실제로는 55cm 정도지만 이 그래프의 총신 길이는 탄피 바닥이 아니라 탄환 바닥에서 측정함)지만 그래프 추이를 보면 총신을 70cm까지 늘여도 속도는 그렇게 많이 올라가지 않을 것으로 보인다.

그러나 사냥용 매그넘류 라이플은, 예를 들어 구경이 그래프의 예와 동일한 7.62mm라고 해도 11.66g(180그레인)짜리 탄두를 화약 4.5g으로 발사할 때 그 에너지를 충분히 활용하려면 총신이 60cm 정도는 돼야 한다.

탄환 속도(m/s)

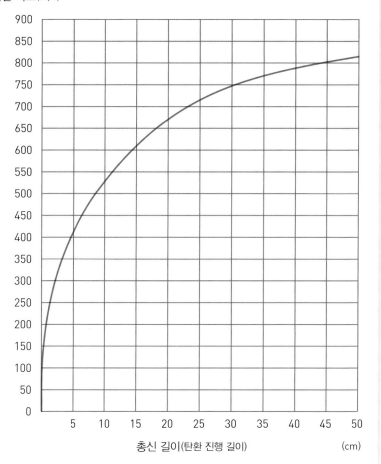

총신 길이(탄환 진행 길이)   (cm)

탄환의 가속도는 총구에 도달할 때까지 급격히 떨어진다.

7-05 강외탄도
탄환은 옆으로도 흐른다

탄환의 총신 내 움직임을 강내탄도(腔內彈道)라고 하고, 탄환이 총구를 벗어난 뒤의 움직임을 강외탄도(腔外彈道)라고 한다. 탄도는 총구를 벗어난 순간부터 공기저항 탓에 속도가 점차 떨어진다. 초속이 800m/s이더라도 800m 떨어진 목표까지 정확히 1초가 걸리는 것은 아니고 약 1.6초가 걸린다.

또한 아무리 고속으로 발사하더라도 중력가속도 9.8m/s²으로 낙하한다. 그래서 멀리까지 탄환을 보내기 위해서는 총신의 각도를 위로 올려서 쏴야 한다. 이렇게 발사한 탄환은 체공 시간이 길고, 공기저항을 받는 시간도 길다. 물론 목표물까지 도달하는 시간도 늘어난다. 총탄 속도는 굉장히 빠르지만 2km나 떨어진 목표를 기관총으로 쏴보면 의외로 느리게 느껴진다.

탄환이 중력으로 인해 낙하한다는 것은 탄환 아래에 풍압(風壓)이 작용한다는 의미다. 그런데 탄환은 회전한다. 회전체에 힘을 가하면 그 힘은 90도 꺾여서 작용하기 때문에 탄환은 옆으로 밀려나는 움직임을 보인다. 이를 편류(偏流)라고 한다. 예를 들어 7.62mm 탄은 1,000m 날아갈 때 60cm 정도 오른쪽으로 휘기 때문에 저격이나 기관총 원거리 사격 시에는 편류를 계산에 넣어야 한다.

오른쪽 표는 구경 7.62mm, 무게 9.72g(150그레인)짜리 탄두의 초속이 824m/s였을 때 거리별 도달 시간과 포물선 높이, 편류의 작용 등을 정리한 것이다.

172

사정거리에 따른 7.62mm 탄의 비행시간, 최대 탄두 높이, 우(右)편류의 차이

사정거리(m)	비행시간(초)	최대 탄도 높이(m)	우편류(m)
180	0.24	0.05	-
360	0.56	0.25	-
550	0.96	1	0.1
730	1.44	2	0.3
910	2.01	5	0.5
1,100	2.69	8	1.1
1,280	3.45	15	1.3
1,460	4.31	23	1.5
1,650	5.25	33	3.3
1,830	6.31	50	5.5
2,000	7.57	71	8.0
2,190	9.11	100	10.9
2,380	11.03	153	16.7
2,560	13.60	238	25.6
2,740	17.50	400	41.1

기온 15℃, 1기압 시의 결과. 기온이 높으면 공기 밀도가 떨어져 공기저항이 작아지므로 목표 도달 시간은 다소 단축된다.(이뿐만 아니라 기온이 높으면 화약의 연소 속도가 빨라져 초속부터 다소 빨라짐) 표고가 높아서 공기 밀도가 낮은 경우도 마찬가지다. 이는 물론 편류의 크기에도 영향을 준다.

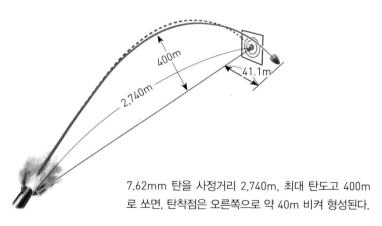

400m

2,740m

41.1m

7.62mm 탄을 사정거리 2,740m, 최대 탄도고 400m로 쏘면, 탄착점은 오른쪽으로 약 40m 비켜 형성된다.

7-06 탄환의 운동 에너지

동물을 쓰러뜨리기 위한 위력을 계산하다

여우 같은 동물에게는 위력이 약한 총탄을 사용해도 되지만, 곰만큼 큰 동물을 잡으려면 강력한 총탄을 사용해야 한다. 그렇다면 사냥감에 따른 탄환의 위력을 어떻게 계산해야 할까?

동물의 생명력은 천차만별이다. 예를 들어 곰을 사냥할 때 이 책에 몇 번 등장한 '30-06'탄을 6발 쏴서 겨우 잡은 경우도 있고, '30-06'탄의 3분의 1 위력인 카빈탄 한 발로 제압했다는 사례도 있다. 사람은 22 림 파이어 한 발을 심장에 맞고 즉사하는가 하면, 러시아의 라스푸틴[Grigorii Efimovich Rasputin, 1869년~1916년. 제정 러시아 시대의 수도사이자 심령술사]처럼 7.62mm 나강 권총탄을 5발 맞고도 죽지 않아서 강에 던져 익사시켰다는 예도 있다. 생명체가 총을 맞아 죽을지 살지는 정통으로 맞았느냐, 또는 맞은 개체의 근성이 어떠하냐에 따라 천차만별이다.

필자는 지금까지 수없이 많은 동물을 총으로 사냥한 사례를 봐왔다. 이 경험을 토대로 말하자면 특정 동물의 체중에 '킬로그램 포스 미터(kgf·m)'를 붙인 운동 에너지가 그 동물을 제압할 때 필요한 표준 에너지다.

즉 체중 100kg인 동물을 잡으려면 100kgf·m의 운동 에너지를 지닌 탄환을 사용해야 한다는 말이다. 요즘 생리학에서는 운동 에너지를 J(줄)로 표시하지만, 필자는 kgf·m가 익숙하고 '동물 체중과 대등하게 맞아떨어지는 수치'라서 알기 쉽기 때문에 kgf·m를 사용하겠다.

운동 에너지(kgf·m)의 계산식은 아래와 같다.

$$운동\ 에너지(kgf·m) = \frac{탄환\ 질량 \times 속도^2}{2 \times 9.8}$$

예를 들어 9.72g(150그레인)의 탄환을 800m/s로 맞았을 때의 운동 에너지는 0.00972×800×800/(2×9.8)=317kgf·m다.

이 총탄으로는 체중 300kg인 곰을 제압할 수 있다는 것이다. 다만 이 운동 에너지의 100%가 사냥감의 체내에서 소비돼야 한다. 다시 말해 탄환이 관통하지 않고 반대편을 뚫고 나오기 직전까지 에너지를 모두 사용하고 멈췄을 때(이를 위해서는 탄두가 효과적으로 찌그러질 필요가 있음)가 전제조건이다.

그리고 곰이 가만히 있을 때여야 한다. 예를 들어 체중 300kg인 곰이 사냥꾼을 향해 돌진해온다면 300kgf·m의 운동 에너지를 가진 탄환 한 발로 곰을 쓰러뜨릴 수 있는지는 알 수 없다. 사냥꾼들은 이런 이유로 곰이 출몰하는 지역으로 갈 때 조금 더 위력적인 총을 준비한다.

300kgf·m

300kg

대개 표적 동물의 체중에 대등한 운동 에너지(kgf·m)를 가진 실탄으로 제압할 수 있다.

7-07 탄환 속도와 사정거리

공기저항은 최대 사정거리에 영향을 준다

탄환은 공기저항이 없다면 45도 각도로 발사했을 때 가장 멀리 날아간다. 권총탄도 수십 킬로미터는 날아갈 수 있다. 하지만 공기저항 때문에 대개 15~25도로 쏠 때가 가장 멀리 날아간다.(물론 탄약 종류에 따라 다르다.) 이처럼 탄환이 도달할 수 있는 최대 거리를 최대 사정거리, 최대 사거리 또는 최대 도달거리라고 한다.

속도가 빠른 탄환일수록 멀리 날아가지만 동일 속도로 발사하더라도 무거운 탄환일수록 공기저항을 이겨내고 멀리 날아간다. 탄환 모양도 중요하다. 무거워도 굵고 짧은 탄환은 공기저항을 받기 쉽고, 가늘고 긴 유선형 탄환일수록 원거리 사격에 적합하다.

그렇지만 사정거리는 탄환의 모양과 무게, 속도에 따라 천차만별이기 때문에 가볍더라도 공기저항에 유리한 모양이라면 무거운 탄환보다 멀리 날아가기도 한다. 또한 초속은 느리지만 무거워서 공기저항을 이겨내고 더 멀리 날아가는 일도 흔하다. '조류용 산탄'처럼 극단적으로 가벼운 탄환을 제외하면 권총탄이나 소총탄은 최대 도달거리, 즉 수 킬로미터 떨어져 있는 인간에게 치명상을 입힐 수 있는 에너지를 지니고 있다. 오른쪽에 각종 탄약의 초속과 최대 사정거리를 표로 정리했다.

기온 15℃, 1기압이 기준이며 기온이 높을 때나 기압이 낮을 때는 사정거리가 다소 늘어난다. 반면 기온이 낮으면 사정거리가 짧아진다. 오른쪽 표의 최대 사정거리 수치는 사실상 참고용이라고 볼 수 있다.

각종 탄약의 최대 사정거리

명칭	탄두 중량(g)	초속(m/s)	최대 사정거리(m)
22 롱 라이플	2.6	380	1,370
223 레밍턴	3.6	981	3,515
243 윈체스터	6.5	897	3,636
243 윈체스터	5.18	1,060	3,150
M1 카빈	7.2	597	1,980
270 윈체스터	8.4	951	3,600
30-30 윈체스터	10.9	666	3,333
30-06 플랫 베이스	11.66	818	3,780
30-06 보트테일	11.66	818	5,151
338 윈체스터	16.2	818	4,194
458 윈체스터	32.4	644	4,050
12.7mm 중기관총	46.5	861	6,547
380 APC	6.1	294	980
38 스페셜 와드 커터	9.6	233	1,515
38 스페셜+P	10.2	269	1,939
9mm 루거	8.3	339	1,727
357 매그넘	10.2	374	2,151
45 ACP	14.9	259	1,333
44 매그넘	15.5	421	2,272

이 표의 30-06은 동일한 11.66g(180그레인)짜리 탄환을 동일한 속도로 발사했지만 플랫 베이스보다 보트테일탄의 공기저항이 적기 때문에 보트테일탄이 멀리 날아간다. 이는 탄환 모양과 사정거리의 관계를 설명해주는 알기 쉬운 예이다. 또 243 윈체스터의 5.18g짜리 탄환은 가볍기 때문에 6.5g짜리 탄환보다 고속으로 발사되지만, 공기저항으로 속도가 떨어져 최대 사정거리는 6.5g짜리 탄환보다 짧다.

7-08 탄도와 가늠자 눈금

군용 라이플의 가늠자에는 '눈금'이 있다

총신 위 총구 가까이에 가늠쇠(front sight. 프런트 사이트)가 있고, 눈이 닿는 부분에는 가늠자(rear sight. 리어 사이트)가 있다. 보통 가늠쇠, 가늠자, 목표물이 일직선이 되게 조준한다.

총신은 가늠쇠나 가늠자보다 아래에 있다. 아무리 고속으로 발사해도 탄환은 중력에 의해 1초 후에는 4.9m, 2초 후에는 19.6m나 낙하한다. 이런데도 탄환을 어떻게 표적에 맞힐 수 있을까? 그것은 총신이 다소 위를 향하고 있기 때문이다.

탄환은 오른쪽 그림처럼 다소 위를 향해 발사되기 때문에 총구에서 20~30m 정도 거리에서 조준선까지 올라가고, 더 날아가면 조준선보다 수십 센티미터 이상 높아진다. 그 후 낙하하면서 수백 미터 날아가서 다시 조준선 높이까지 떨어진다. 요약하면 표적 중심을 통과하는 지점은 두 군데뿐이다. 그래서 거리를 잘 맞추지 못하면 목표물의 위나 아래를 맞히게 된다.

멀리 떨어진 표적을 명중시키려면 총신은 그만큼 위로 향해야 한다. 총신을 상향 각도로 조준할 때는 가늠자 높이를 올리는 조작이 필요하다. 군용 라이플이나 기관총은 거리에 따라 가늠자 높이를 조절할 수 있도록 '눈금'이 달렸다. 목표까지의 거리가 300m라면 '3', 400m라면 '4'라는 숫자가 적힌 위치에 가늠자를 맞추고 조준한다.

목표까지 거리가 300m라고 생각했는데 실제는 400m여서 탄환이 목표까지 도달하지 못하거나 실제는 200m여서 탄환이 위로 지나가버리는 경우도 많다. 이 때문에 병사나 사냥꾼은 목표물까지의 거리를 감으로 측정할 수 있는 능력이 필요하다.

총강 내 탄환의 가속

탄환은 포물선을 그리며 날아간다. 특정 거리의 과녁에 명중하도록 조절해 발사했는데 목표물이 그보다 가까우면 과녁 위로 날아가고, 멀면 과녁 앞에 떨어진다.

38식 기병총의 가늠자 눈금.
2,000m까지 조절할 수 있다.

89식 소총의 가늠자. 왼쪽 다이얼을 돌리면 가늠자가 상하로 움직인다. 목표물이 멀수록 위로 올리는데 500m까지만 조절할 수 있다. 좌우는 오른쪽 다이얼로 조작한다. 안테나 표시처럼 생긴 것은 좌우로 얼마나 움직였는지 알기 위한 눈금이다.

최근에 12.7mm 저격총이 인기가 많은 이유

최근 12.7mm 중기관총의 탄약을 사용하는 매우 큰 저격총이 각국에서 유행이다. 이 탄약은 탄환 무게 및 화약량이 7.62mm 탄의 5배, 5.56mm 탄의 10배나 되는 위력을 지니고 있다. 아무리 멀리서 쏜다고 해도 이처럼 강력한 탄약이 필요할까? 어쨌든 원거리에서 공기저항을 뚫고 정확한 사격을 하려면 큰 탄환이 유리하다.

예를 들어 7.62mm 탄은 2,000m 거리의 목표에 도달하기까지 7.57초나 걸린다. 이때 탄도 포물선의 정점 높이는 71m다. 게다가 옆으로 8m나 비킨다. 12.7mm 탄이라면 4.35초면 충분히 도달하고 탄도 높이는 25m, 옆으로는 1.4m만 비킨다. 파괴력보다는 탄환 무게로 공기저항을 이겨내고, 가능한 한 수평 탄도를 그릴 수 있다는 점이 이점이다.

무거운 탄환은 횡풍의 영향도 크지 않기 때문에 유리하다. 7.62mm 탄은 1m/s 정도의 산들바람에도 1,000m 거리라면 탄착점이 70cm 이상 이동하지만, 12.7mm 탄은 이 정도 바람이라면 무시할 수 있다. 다만 12.7mm 탄의 맹렬한 반동을 버티기 위해서는 실용성에 의문이 들 정도로 총이 무겁고 커진다. 그래서 다소 작은 탄을 사용하는 338 라푸아 매그넘(16.2g짜리 탄환을 900m/s로 발사)처럼 중간 크기의 실탄을 시험하고 있다.

배럿 파이어암즈(Barrett Firearms)사가 개발한 배럿 M82. 12.7mm 탄을 사용한다. 경차량 또는 장거리 사격용.

PART
8

산탄총

산탄 장탄의 구조

산탄 실탄은 '산탄 장탄'이라고 한다

라이플이나 권총의 실탄은 카트리지라고도 한다. 산탄총도 실탄이나 카트리지라고 불러도 되지만 산탄총용 실탄은 일반적으로 셀(sell) 또는 장탄(裝彈)이라고 한다. 구조는 오른쪽 그림과 같다. 탄피 재질은 종이나 플라스틱이며, 흑색화약을 사용하던 옛날에는 놋쇠(황동) 탄피도 있었지만 현재는 생산되지 않는다. 뇌관의 생김새도 라이플이나 권총용 탄과 많이 다르다.

와드(wad)는 산탄이 발사약과 섞이지 않도록 칸막이 역할을 함과 동시에 산탄을 밀어내는 피스톤 역할을 한다. 옛날에는 짐승의 털을 밀랍으로 단단하게 만든 것을 사용하기도 했지만, 오늘날에는 소재가 거의 폴리에틸렌이다. 그리고 산탄과 총신이 직접 닿지 않도록 해주는 역할을 하는 샷 컵(shot cup)과 일체형인 경우가 대부분이다.

산탄 장탄의 전면은 산탄이 빠지지 않도록 마개를 덮는다. 옛날에는 롤 크림프(roll crimp)라고 해서 종이 마개로 덮어 탄피 입구 부분을 안쪽으로 둥글게 말아 넣었지만, 오늘날에는 스타 크림프(star crimp)라고 해서 별 모양으로 접혀 있다. 참고로 롤 크림프보다 스타 크림프의 접히는 부분이 길기 때문에 발사 전 동일했던 장탄 길이가 발사 후 탄피를 비교해보면 스타 크림프의 약실이 더 길다는 것을 알 수 있다. 탄피 바닥을 감싸고 있는 금속 부분을 론델(rondelle)이라고 한다. 2연발 총을 사용할 때는 필요 없어서 론델로 보강하지 않은 탄피도 있지만, 자동소총이나 슬라이드 액션총으로 발사하면 약실에서 거세게 뿜어내기 때문에 이런 보강이 필요하다.

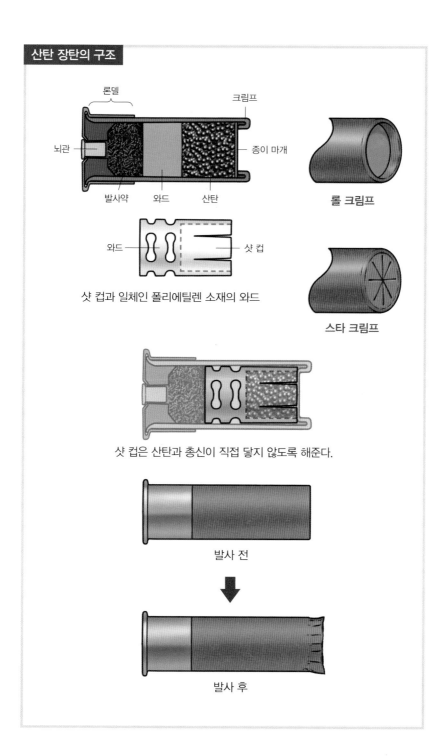

롤 크림프

스타 크림프

샷 컵과 일체인 폴리에틸렌 소재의 와드

샷 컵은 산탄과 총신이 직접 닿지 않도록 해준다.

발사 전

발사 후

8-02 산탄총의 구경 표시 방법

번과 게이지로 표시한다

산탄총의 구경은 '12번' '20번' 등으로 표시하며 영어로는 '12게이지' '20 게이지'처럼 게이지(gauge) 단위로 표시한다. 12번이란 '1/12파운드의 납 구슬이 12개 들어가는 구경'이고 20번은 '1/20파운드의 납 구슬이 20개 들어가는 구경'을 의미한다.(1파운드는 453.6g)

예외적으로 '410번'은 번(番)이라고 부르지만 0.410인치다. 이 외에 9mm나 7.6mm, 0.22인치와 같이 부르는 것도 있지만, 실제로는 존재하지 않는다고 생각해도 무방할 정도로 특수한 경우다.

일반적으로 12번이 가장 많이 보급됐다. 구경이 클수록 산탄이 많이 들어가서 유리하기 때문이다. 하지만 이보다 구경이 크면 반동이 심하고 총도 커져 사용하는 데 불편하다. 또 많은 나라에서 12번보다 큰 산탄총을 금지하고 있으며, 미국의 일부 주에서는 10번까지만 허용한다.

다음으로 많이 사용하는 구경은 20번으로 여성도 손쉽게 사용할 수 있을 정도의 크기다. 그다음은 410번인데 12번에 비해 산탄량이 절반뿐이지만 얇고 가볍다. 미국에서는 28번도 아주 가끔 보이는데 다른 나라에서는 거의 찾아볼 수 없다. 16번도 있지만 골동품에 가까워 매우 희귀하며 장탄을 예약 주문해야 손에 넣을 수 있을 정도다. 이외의 구경은 서류상 존재할 뿐이며 총포상을 수백 군데 돌아도 실물을 보기는 어렵다.

산탄총의 구경 규격

번(番)	구경 크기			
	종이 탄피용 총		놋쇠 탄피용 총	
	최대치(mm)	최소치(mm)	최대치(mm)	최소치(mm)
4번	23.75	23.35	–	–
8번	21.20	20.80	–	–
10번	19.70	19.30	19.7	19.5
12번	18.60	18.40	18.5	18.3
16번	17.20	16.80	16.7	16.5
20번	16.00	15.60	15.6	15.4
24번	15.10	14.70	14.5	14.3
28번	14.40	14.00	13.5	13.3
30번	–	–	12.5	12.3
36번	–	–	11.5	11.3
40번	–	–	10.4	10.2
410번	10.60	10.40	–	–
7.6mm	–	–	7.5	7.3

구경이 클수록 산탄이 많이 들어가서 유리하다.

미국의 벅 샷 규격

명칭	직경(인치)	직경(mm)	1파운드(453.6g)의 구슬 수
00	0.33	8.38	130
0	0.32	8.12	145
1	0.30	7.62	175
3	0.25	6.35	300
4	0.24	6.09	340

미국의 버드 샷 규격

명칭	직경(인치)	직경(mm)	1온스(28.35g)의 구슬 수
BB	0.18	4.57	50
2호	0.15	3.81	90
4호	0.13	3.30	135
5호	0.12	3.05	170
6호	0.11	2.79	225
8호	0.09	2.29	410
9호	0.08	2.03	585
12호	0.05	1.27	2,385

미국의 산탄 규격은 벅 샷(buck shot. 사슴 같은 중형 동물용)과 버드 샷(bird shot. 새나 소형 동물용)으로 나뉜다. 같은 구경의 총에 들어가는 산탄 구슬 수는 작은 산탄일수록 많다. 예를 들어 버드 샷 탄피에 1온스(28.35g)의 산탄을 넣는다면 작은 구슬인 9호는 585개나 들어가지만 큰 구슬인 2호는 90개 들어간다.

산탄의 재질과 규격

1.25mm부터 8.75mm까지

산탄의 재질은 납이다. 순수한 납은 너무 무르기 때문에 변형되기 쉽다. 그래서 대부분 3% 내외로 안티몬(antimony)을 첨가해 강화한다. 이것을 칠드 샷(chilled shot)이라고 한다. 이에 비해 거의 납만으로 만든 것을 소프트 샷(soft shot)이라고 한다. 여기에 니켈이나 동으로 도금한 것도 있다.

산탄 크기는 매우 다양하며 규격은 나라별로 다소 다르다. 일본의 산탄 규격은 오른쪽 표와 같다. 그리고 앞서 설명한 바와 같이 미국의 산탄 규격은 벅 샷과 버드 샷으로 나뉜다.

표에는 없지만 클레이 사격의 '트랩 장탄'에는 '7호반'이 사용되는데, 구슬 하나의 중량은 0.0785g이다. 미국의 7호반은 직경 0.95인치(2.41mm), 1온스(28.35g)당 구슬 350개이고 구슬 하나의 중량은 0.081g이다. 하지만 실제 제품은 0.1mm 정도의 오차가 있으며 형태가 변형된 것도 섞여 있다.

영국에서는 1온스당 구슬 수로 호수를 정하는데 1온스당 구슬 100개는 1호, 270개는 6호, 850개는 10호다. 영국의 각호 규격은 일본의 같은 호보다 다소 작다. 예를 들어 3호 3.25mm, 4호 3.05mm, 5호 2.9mm, 6호 2.9mm 정도다.

이처럼 나라별로 규격이 다르기 때문에 영국의 4호는 미국의 5호 정도에 해당하고, 미국의 4호는 이탈리아의 3호 정도에 해당하는 차이를 보인다.

일본의 산탄 규격

호수	직경(mm)	구슬 하나당 무게(g)	32g의 구슬 수	주요 사냥 대상
X	8.75	3.750	8	사슴, 멧돼지
SSSG	7.75	2.600	12	
SSG	7.00	1.960	16	
SG	6.50	1.490	21	
AAA	6.00	1.280	25	원거리에서 여우, 너구리, 기러기 사격
AA	5.50	0.950	32	
A	5.00	0.750	42	
BBB	4.75	0.590	54	
BB	4.50	0.520	61	여우, 너구리, 기러기
B	4.25	0.460	69	
1	4.00	0.370	87	원거리에서 기러기, 오리 사격
2	3.75	0.320	100	
3	3.50	0.250	128	원거리에서 오리, 산토끼, 꿩 사격
4	3.25	0.200	160	
5	3.00	0.150	215	까마귀, 꿩, 산토끼
6	2.75	0.110	291	
7	2.50	0.090	357	근거리에서 산토끼 사격
8	2.25	0.070	457	
9	2.00	0.050	640	메추라기도요, 메추라기, 다람쥐
10	1.75	0.030	1,067	
11	1.50	0.021	1,526	찌르레기, 직박구리, 참새
12	1.25	0.013	2,692	

구슬 하나의 무게가 줄면(구슬이 작으면) 32g당 구슬 수는 늘어난다.

산탄 장탄의 산탄량과 발사약량(단위: g)

구경	경(輕)장탄		표준 장탄		중(重)장탄		매그넘 장탄	
	산탄량	발사약량	산탄량	발사약량	산탄량	발사약량	산탄량	발사약량
10번	39	2.0	46	2.3	53	2.6	57	2.8
12번	28	1.4	32	1.6	40	2.0	52	2.1
16번	27	1.3	30	1.5	–	–	–	–
20번	24	1.2	24	1.2	32	1.6	35	1.8
28번	–	–	20	1.0	–	–	–	–
410번	10	0.5	14	0.7	21	1.1	21	1.1

이 표는 대표적인 사례를 정리한 것뿐이며 제조사의 장탄 품목에 따라 다소 차이가 있다.

8-04 산탄 탄피의 길이
짧은 약실에 탄피가 긴 장탄을 장전할 수 있나?

라이플 탄피나 권총 탄피는 동일 구경에도 다양한 규격이 있어 매우 복잡하지만 산탄 탄피는 간단하다. 종이 탄피, 플라스틱 탄피는 모두 림드형의 스트레이트형이고, 길이만 다른 종류가 다수 있을 뿐이다. 4번과 8번의 탄피는 길이가 3과 1/4인치(82.5mm)인 것만 있다. 10번 탄피는 예전에는 2와 1/2인치(63.5mm)뿐이었지만 현재 미국에는 3과 1/2인치(89mm)와 2와 7/8인치(73mm)가 있다. 그리고 16번과 24번은 65mm뿐인데 오랫동안 신제품이 나오지 않았기 때문에 예전 규정 그대로다. 다른 구경에서도 65mm는 예전 규격이며 요즘에는 거의 찾아볼 수 없다.

오늘날 산탄 탄피는 12번과 20번, 28번과 410번 모두 2와 3/4인치(70mm)가 주류다. 또한 경장탄과 중장탄도 같은 탄피를 사용하며 와드 두께를 조절할 뿐이다. 이들보다 긴 것으로는 매그넘 장탄이 있다. 12번에는 70mm 이외에 3인치(76mm), 3과 1/2인치가 있다. 20번과 410번에는 70mm와 76mm가 있지만 28번은 70mm뿐이다.

한편 총에 따라 탄피 길이는 주의해야 한다. 약실이 긴 총에 짧은 탄피를 사용할 때는 문제가 없지만, 약실이 짧은 총에 긴 탄피의 장탄을 사용하면 위험하다. 산탄 탄피의 길이는 크림프(안쪽으로 접어 넣기)하기 전의 길이로 표기한다. 12번처럼 3인치로 표기된 탄피는 크림프해서 장탄하면 길이가 65mm가 되기 때문에 약실이 70mm인 총에 장전할 수 있다. 그러나 발사할 때 크림프가 열리기 위한 길이가 부족해서 이상 강압이 생긴다.

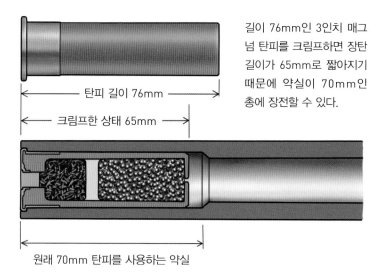

길이 76mm인 3인치 매그넘 탄피를 크림프하면 장탄 길이가 65mm로 짧아지기 때문에 약실이 70mm인 총에 장전할 수 있다.

탄피 길이 76mm

크림프한 상태 65mm

원래 70mm 탄피를 사용하는 약실

이 상태로 발사하면 70mm인 약실 속에서 76mm인 탄피가 충분히 열리지 않아 이상 강압이 발생한다. 한 발 정도로 총이 부서지지는 않지만 반복하면 총이 망가질 수 있다.

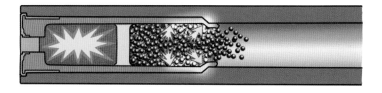

8-05 초크와 패턴

산탄총의 총구는 조여 있다

산탄총은 총구 끝이 대부분 조여 있다. 예를 들어 12번의 구경은 18.6mm 지만 17mm 정도로 좁혀져 있다. 이때 초크(choke)를 사용한다. 초크로 산탄이 퍼지는 패턴을 조절한다. 예를 들어 30m 거리에서 발사 시 산탄이 1m 정도 퍼지는 산탄총의 초크를 조이면 40m 거리에서 1m로 퍼지게 할수 있다.

초크로 조이더라도 산탄은 모든 구슬이 균등하게 조여지지 않는다. 너무많이 조이면 산탄 일부가 오히려 불규칙하게 불거진다. 그래서 초크 강도나 패턴은 산탄의 모든 구슬을 포함한 직경으로 표기하는 것이 애매하므로 '40야드(36.5m) 거리에서 직경 30인치(76.2cm)의 원 안에 들어간 산탄이전체의 몇 퍼센트인가'로 나타낸다.

70% 이상 조이면 풀 초크(완전 조임), 65% 이상은 스퀘어 초크(3/4 조임), 60% 이상은 하프 초크(1/2 조임), 55% 이상은 쿼터 초크(1/4 조임), 50% 이상은 임프루브드 실린더(improved cylinder. 개량 실린더)라고 한다. 전혀 조이지 않은 상태(거의 40%)는 그냥 실린더라 부른다. 실린더는 패턴중심부의 밀도가 낮아지므로 실제로 가장 헐거운 초크는 임프루브드 실린더다.

예전에는 초크를 바꾸고 싶으면 총신을 교체하거나 보통 총기 제작자에게 초크 장착을 요청했다. 최근에는 처음부터 나사식 가변 초크를 주로 사용한다.

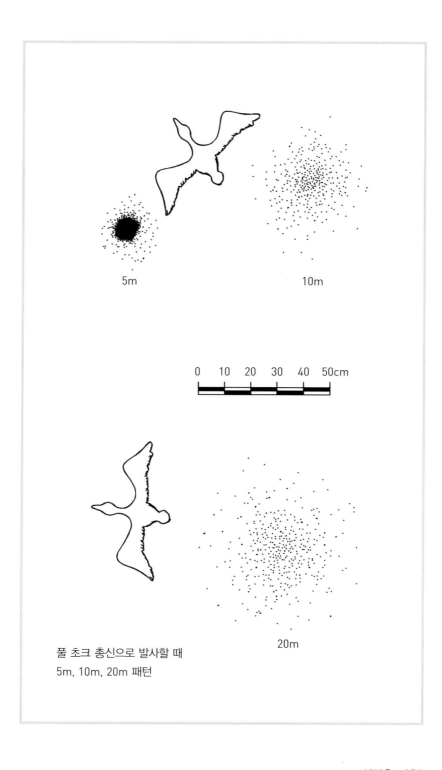

5m

10m

0 10 20 30 40 50cm

풀 초크 총신으로 발사할 때
5m, 10m, 20m 패턴

20m

8-06 산탄 속도와 사정거리
산탄총의 사정거리는 한정적이다

산탄총으로 발사한 산탄의 초속은 제품이나 총신 길이에 따라 다소 차이가 있지만 360~400m/s 전후가 대부분이다.

산탄총은 날아가는 새를 잡기 위한 총이다. 그래서 산탄의 속도가 빠를 수록 좋겠지만 작은 산탄은 공기저항 때문에 속도가 급속히 떨어진다. 이 때문에 총구를 벗어날 때 속도를 아무리 높여도 유효 사정거리는 늘지 않는다.

속도를 높이기 위해서 화약량을 늘리면 반동도 커진다. 새를 잡기 위해서는 큰 반동을 참으며 속도를 높이는 것보다 산탄량을 늘이는 편이 더욱 효율적이다. 아무리 초음속으로 발사하더라도 산탄은 공기저항으로 금세 음속 이하로 떨어지기 때문이다.

이처럼 산탄의 최대 사정거리는 초속과 무관하며 구슬 크기로 정해진 다는 것은 실험으로 확인됐다. 구슬이 클수록 초속이 느리더라도 멀리 날아간다. 이와 관련해서는 오른쪽 표로 정리해봤다. 참고로 12번 구슬의 최대 사정거리는 약 1,300m이고 16번은 1,200m, 20번은 1,100m, 410번은 770m 정도다.

벅 샷인 X는 520m, SSSG는 480m, SSG는 450m, SG는 425m, AAA는 400m, AA는 380m, BB는 340m 정도 날아간다. 최대 비거리는 총신을 15 도에서 25도 각도로 세워 발사했을 때 측정한 것이다. 진공 상태라면 45도 각도로 발사했을 때 가장 멀리 날아가겠지만 공기저항으로 속도가 떨어져 급격히 낙하하기 때문에 직경이 작은(가벼운) 산탄일수록 발사 각도도 작아진다.

산탄 속도와 최대 사정거리

산탄 호수	초속(m/s)	20야드 지점의 속도	40야드 지점의 속도	60야드 지점의 속도	최대 사정거리
2호	400(고속)	316	261	221	3300야드 (302m)
2호	390(중속)	311	256	218	3300야드 (302m)
2호	370(저속)	295	246	210	3300야드 (302m)
4호	400(고속)	306	247	207	3000야드 (274m)
4호	390(중속)	303	242	204	3000야드 (274m)
4호	370(저속)	286	235	198	3000야드 (274m)
5호	400(고속)	283	239	200	2900야드 (265m)
5호	390(중속)	294	236	197	2900야드 (265m)
5호	370(저속)	282	227	315	2900야드 (265m)
6호	400(고속)	294	232	192	2700야드 (247m)
6호	390(중속)	288	227	189	2700야드 (247m)
6호	370(저속)	276	220	184	2700야드 (247m)
7호반	400(고속)	282	217	176	2500야드 (229m)
7호반	390(중속)	276	214	174	2500야드 (229m)
7호반	370(저속)	265	206	169	2500야드 (229m)
8호	400(고속)	278	215	177	2400야드 (219m)
8호	390(중속)	269	210	170	2400야드 (219m)
8호	370(저속)	260	201	165	2400야드 (219m)
9호	400(고속)	270	212	168	2300야드 (210m)
9호	390(중속)	268	203	162	2300야드 (210m)
9호	370(저속)	253	193	156	2300야드 (210m)

(표 왼쪽 세로 표시: 크다 / 구슬 직경 / 작다)

※ 거리는 야드지만 초속은 m/s로 표시했다. 1야드는 약 0.9m.

산탄의 사정거리는 바람의 영향으로 오차가 10% 전후 날 수 있다. 작은 구슬일수록 바람에 날리기 쉽기 때문에 오차는 커진다. 이런 새 사냥용 산탄은 최대 사정거리에 도달한 후 낙하할 때는 공기저항으로 에너지를 거의 상실한다. 이 때문에 사람에게 위협을 줄 정도의 힘이 남아 있지 않다. 하지만 법률상 탄환이 도달하는 쪽에 사람이 있거나 사람을 향해 쏘는 것은 위법이다.

8-07 클레이 사격
직경 11cm의 접시를 쏴라

클레이(clay)란 직경 11cm의 작은 프리스비(frisbee)와 같은 원반으로 산탄에 맞으면 깨지기 쉽도록 석회와 피치(pitch. 송진, 수지)로 만든다. 클레이 사격은 클레이 25장을 사격하는 것이 한 라운드다.

클레이 사격에는 트랩(trap)과 스키트(skeet) 사격이 있다. 사격장 모습은 오른쪽 그림과 같다. 각 사대(射台)에는 마이크가 있어 사수가 '하이'라든가 '오우'라고 소리 내 콜(call)을 하면 클레이가 날아오른다.

트랩 사격은 사대가 5개 1열로 늘어서 있어 5명이 왼쪽부터 순서대로 클레이를 콜하면서 사격하며 5명 모두 사격을 종료하면 한 사람씩 오른쪽으로 이동(5번 선수는 뒤로 빠져서 1번 자리로 이동)해 다시 왼쪽 선수부터 사격을 개시한다. 이것을 5번 반복하며 클레이를 총 25장 사격한다. 클레이는 사수의 전방 15m에서 좌우 45도로 방출되는데 어떤 방향에서 날아오를지는 알 수 없다. 스키트 사격은 사대가 반원형이다. 사수는 각 사대에 배치되는 것이 아니라 전원이 1번을 쏘고 나면 2번으로 이동하는 경기 방식이다. 트랩 사격은 도망가는 클레이를 쏘는 경기이지만 스키트 사격은 사수의 위치에 따라 보다 다양한 각도로 사격하는 경기다.

트랩 사격은 사수에 따라 다르기는 하지만 거리가 멀기 때문에 보통 풀 초크로 7호반 산탄을 사용한다. 반면 스키트 사격은 거리가 가까워서 쿼터 초크를 사용하는 등 초크를 다소 헐겁게 해서 9호 산탄을 사용한다. 예전에는 32g 표준 장탄을 사용했지만, 최근에는 24g짜리를 사용한다.

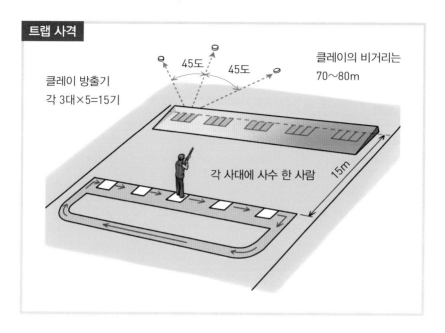

클레이 방출기
각 3대×5=15기

45도　45도

클레이의 비거리는
70~80m

각 사대에 사수 한 사람

15m

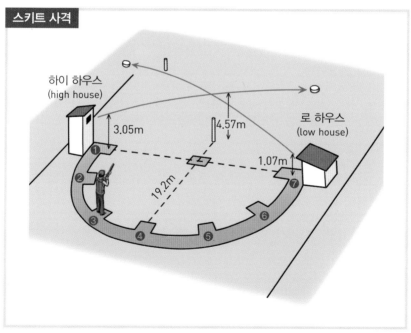

하이 하우스
(high house)

로 하우스
(low house)

3.05m

4.57m

1.07m

19.2m

산탄총　195

보통 조준이라고 하면 라이플이나 권총처럼 가늠쇠와 가늠자를 이용해 표적을 겨냥하는 것을 떠올린다. 그러나 날아가는 표적을 쏘는 산탄총은 전혀 다른 방식이다. 산탄총은 날아가는 목표를 막대기로 가리키는 듯한 감각으로 총신 전체를 사용해 겨냥한다.

게다가 목표물이 움직이기 때문에 겨냥 지점은 목표물보다 앞서야 한다. 그리고 목표물의 움직임에 맞춰 스윙(swing)하듯이 총을 계속 움직이며 방아쇠를 당겨야 한다. 초보자는 방아쇠를 당길 때 스윙이 둔해서 목표물의 뒤를 쏘기 십상이다.

이런 이유로 산탄총에는 가늠자가 없다. 총신 끝이 어딘지 알리는 표시로 작은 가늠쇠가 있을 뿐이다. 총신의 시인성을 높이기 위해서 산탄총 총신 위에는 리브(rib)라는 가늘고 긴 판이 달려 있다. 판에는 빛 반사를 막기 위한 가느다란 홈이 있다. 이렇게 하면 총신이 둥근 것보다 목표를 가리킬 때 시인성이 좋아진다.

라이플의 조준 개념으로는 상상하기 힘들겠지만, 산탄총은 오른쪽 그림처럼 총신을 다소 위에서 내려보듯이 조준한다. 라이플의 서서 쏴 자세는 거의 반듯하게 선 모양이지만 산탄총은 고양이 등처럼 굽은 자세를 취한다.

라이플은 총을 지탱하는 왼팔을 총 바로 아래에 두지만, 산탄총은 좌우의 팔꿈치를 팔(八)자 모양으로 열어둔다. 또한 목표의 움직임에 맞춰 총의 방향을 바꿀 때는 팔로만 조종하지 않는다. 상반신은 사격 자세 그대로 유지하면서 허리를 이용해 상반신을 움직인다.

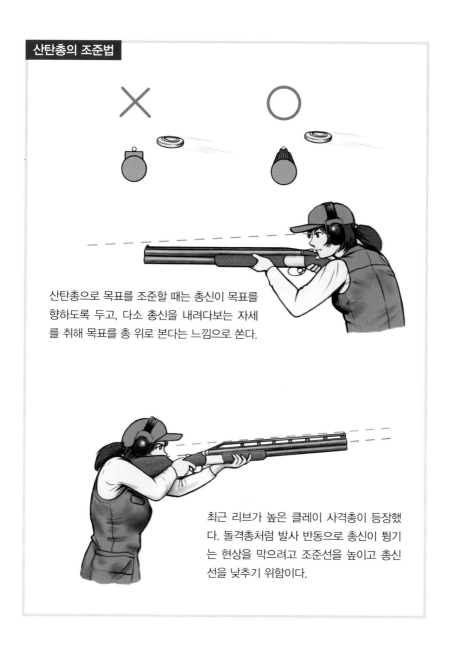

산탄총의 조준법

산탄총으로 목표를 조준할 때는 총신이 목표를 향하도록 두고, 다소 총신을 내려다보는 자세를 취해 목표를 총 위로 본다는 느낌으로 쏜다.

최근 리브가 높은 클레이 사격총이 등장했다. 돌격총처럼 발사 반동으로 총신이 튕기는 현상을 막으려고 조준선을 높이고 총신선을 낮추기 위함이다.

8-09 슬러그와 슬러그 총신
산탄총으로 곰을 잡는다

산탄총은 새를 잡기 위해 산탄을 발사하는 구조지만, 만약 새를 사냥하러 산에 갔다가 곰을 만난다면 어떻게 할까? 곰에게 산탄총을 쏴봐야 피부에 몇 밀리미터 정도 박힐 뿐이며 오히려 곰을 자극해서 위험할 수도 있다. 그래서 슬러그(slug)라는 탄환이 하나 들어간 장탄이 있다.

하지만 이 슬러그의 명중률은 화승총 이하다. 산탄총 총신에는 강선이 없을 뿐만 아니라 총구에 초크가 있어서 슬러그가 초크를 통과할 수 있도록 작게 만들기 때문이다. 예를 들어 12번 산탄총의 구경은 18.6mm이지만 풀 초크라면 총구가 17.5mm 정도다. 슬러그는 여기를 통과해야 하므로 직경 17mm 정도로 제작한다. 그래서 명중률이 낮을 수밖에 없다.

일본은 산탄총을 10년 이상 보유하지 않으면 곰이나 멧돼지 사냥을 위한 라이플 소지 허가를 받을 수 없다. 이런 이유로 산탄총으로도 사슴이나 멧돼지, 곰 등을 사냥할 수 있도록 총 구경을 슬러그에 딱 맞춘 슬러그 총신이 개발됐다. 슬러그를 쏘기 위해서는 총신을 교체하거나 산탄총이지만 라이플 모양인 슬러그 전용총을 사용하면 된다. 물론 진짜 라이플처럼 명중률이 높지는 않지만, 일반적으로 50m 거리에서 직경 10cm인 원형 표적을 맞힐 수 있다. 다만 100m가 넘으면 명중을 거의 기대할 수 없다.

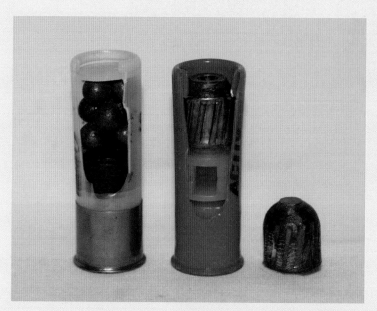

8.3mm 산탄이 9개 들어가는 벅 샷 장탄(왼쪽), 슬러그 장탄(가운데), 슬러그 탄두(오른쪽)

이 총은 라이플처럼 보이지만 슬러그 전용 산탄총이다. 일본에서는 라이플 규제가 강하기 때문에 사슴이나 멧돼지 사냥에 이런 총을 이용한다. 외관은 라이플과 매우 유사하지만, 목표물과의 거리가 100m 이내가 아니면 명중률을 기대하기 어렵다.

8-10 수평쌍대와 상하쌍대
산탄총에는 중절식 2연발이 많다

라이플은 볼트 액션이나 자동총이 많지만, 산탄총은 총신이 2개 연결된 2연발총이 압도적으로 많다. 총신이 상하로 배열된 것을 상하쌍대(over-under) 2연발이라고 하고, 좌우로 배열된 것을 수평쌍대(side-by-side) 2연발이라고 한다. 수평쌍대 2연발은 도보 이동 시 총신을 어깨에 안정적으로 올릴 수 있어 사냥에 특화돼 있다. 상하쌍대 2연발은 클레이 사격에 유리한 형태다. 클레이 사격용은 무거워서 이동 시 불편하다. 그래서 사냥용으로 가볍게 제작된 상하쌍대 2연발도 있다.

자동총에 비해 구조가 간단한 2연발총이지만, 장인이 손으로 작업해야 하는 부분이 많아 의외로 자동총보다 비싸다. 일본에서 자동총은 십여만 엔(백여만 원)이지만 상하쌍대 2연발은 보급품이 30여만 엔 정도 하며 고

클래식한 형태의 수평쌍대

급품은 백만 엔가량 한다. 수평쌍대 2연발은 보통 매장에서는 찾아보기 힘들고 주문 제작을 해야 하며, 수백만 엔이나 한다. 참고로 예전에는 저렴한 수평쌍대 2연발도 있었고, 지금도 개발도상국에서는 값싼 수평쌍대 2연발을 제작하고 있다.

그런데 왜 산탄총에는 2연발이 많을까? 그것은 클레이 사격장에서 안전사고를 방지하기 위해서다. 사격장에서는 여러 사수가 총을 가지고 좁은 장소를 이동한다. 이때 2연발 중절식 총은 총을 꺾어두면 확실히 안전하다. 사냥할 때 날아가는 새에 2발 이상 연속으로 쏠 시간적 여유가 없다는 이유도 있다. 그리고 방아쇠를 당길 때 느낌이 자동총보다 부드럽기도 하다. 라이플 사격 경기에 볼트 액션을 사용하는 것과 마찬가지로 1점 차이를 다툴 때는 방아쇠를 당길 때 느낌이 승패를 가르는 매우 중요한 요소로 작용한다.

고급 2연발총은 뭐가 다른가?

비싼 산탄총은 명중률도 높을까? 물론 개인의 신체에 맞춘 주문 제작 방식이니 높겠지만, 저렴한 총도 다듬고 깎으면 자신의 몸에 맞는 총으로 만들 수 있다. 그럼 비싼 2연발 산탄총은 어떤 점이 우수할까? 장식이 멋질 뿐일까?

가격이 높은 총을 만져보면 분명 느낌이 다르다. 총을 접을 때 개폐 레버를 눌러보면 '철커덕'하는 둔탁한 소리를 내지 않는다. 총신의 무게로 부드럽게 열린다. 닫을 때도 거친 소리를 내지 않고 부드러운 소리를 내며 닫힌다. 장인의 정밀한 손길을 느낄 수 있으며, 방아쇠의 감촉도 매우 우수하다.

그러나 이런 요소는 사냥감을 더 잘 잡을 수 있다거나 클레이를 더 잘 맞힐 수 있다는 것과는 별개다. 정리하면 비싼 총은 장인의 손길에 돈을 지불할 수 있는 여유가 있는 부자를 위한 물건이다.

8-11 자동총과 슬라이드 액션총

슬라이드 액션총은 비용 대비 효과가 크다

상하쌍대 2연발이 클레이 사격에 유리하다면 수평쌍대 2연발은 유럽 귀족의 사냥에 어울릴 법한 총이다. 그러나 가성비가 높은 것은 자동총이나 슬라이드 액션총이다. 저렴하고 2연발보다 튼튼하다.

자동총이나 슬라이드 액션총 대부분은 총신 교환식이다. '오늘은 오리 사냥이니 긴 총신' '오늘은 꿩 사냥이니 짧은 총신' '오늘은 멧돼지 사냥이니 슬러그 총신'과 같이 자유자재다.

탄창은 대부분 5발 들어가는데 일본에서는 법률상 제한 때문에 탄창에 2발만 들어간다. 즉 '약실 1발, 탄창 2발' 총 3발이지만 그래도 2연발 총보다 1발 더 많다. 그리고 자동총의 장점은 반동이 적다는 점이다. 2연발 총에도 3인치 매그넘을 사용할 수 있는 것이 있지만 어깨가 빠질 정도로 반동이 크다. 반면 자동총은 쿠션감이 있는 반동이기 때문에 사용에 문제가 없다. 바다나 호수에서 오리를 원거리에서 사격할 때 3인치 매그넘을 사용하면 유리하다.

슬라이드 액션은 미국에서 인기지만 그 외에는 사용하는 사람이 많지 않다. 액션 영화처럼 포엔드를 재빨리 왕복시키는 숙련된 동작이 멋져 보이기는 하지만, 발사 시 반동으로 포엔드가 제멋대로 덜커덩거리는 느낌이 있다. 빈 총일 때보다 실탄이 장전돼 있을 때 조작 느낌이 좋다. 초보자가 처음 구매한다면 자동총과 별반 차이 없는 속도로 쏠 수 있는 슬라이드 액션총을 추천한다.

레밍턴 M1100

레밍턴 M870

이런 자동총이나 슬라이드 액션총은 총신 교체가 간편해 다용도로 활용할 수 있다. 성능은 전용 총보다 떨어지지만 대신에 매우 편리하다.

베레타(Beretta) AL391

대표적인 자동총

이사카(Ithaca) M37

대표적인 슬라이드 액션총

하프 라이플링 총신과 사보 슬러그

앞서 설명한 바와 같이 산탄총에도 슬러그 전용 총신을 사용하면 큰 동물을 사냥할 수 있다. 그러나 탄환이 회전하지 않기 때문에 50m까지는 괜찮아도 100m 정도 거리에서는 맞히는 데 애를 먹는다.

그런데 산탄총에 강선이 총신장의 절반 이하라면 산탄총으로 인정받을 수 있다. 이런 총신을 하프 라이플링 총신이라고 하며 사보 슬러그(sabot slug)라는 전용탄을 사용한다.

아래 사진과 같이 구경에 딱 맞는 플라스틱 이탈피(離脫皮. sabot) 속에 슬러그가 들어 있다. 발사하면 이탈피가 벗겨져 구경보다 작은 슬러그만 날아간다. 이런 산탄총이라면 150m 거리에서도 표적을 맞힐 수 있다.

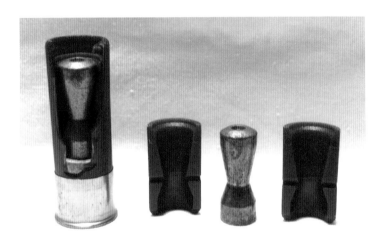

사보 슬러그. 붉은 부분이 이탈피이고, 안에 한 치수 작은 슬러그가 들어가 있다.

PART
9

총상

9-01 총상의 기본
총상은 원래 주문 제작해야 한다

사람이 손에 들고 쏘는 총에는 총상[銃床. stock. 총의 금속 부분을 제외한 부분]이 있다. 총상의 소재는 옛날부터 나무였다. 지금은 플라스틱 소재가 늘고 있지만, 고급품의 총상은 목재다. 목재가 미관이 수려하고 감촉이 좋기도 하지만, 사수의 체격에 맞춰 가공하기에 편리하기 때문이다.

사람은 저마다 체격이 다르다. 같은 키라도 마른 사람, 뚱뚱한 사람, 팔이 긴 사람, 팔이 짧은 사람 등 천차만별이다. 원래 총상은 개인에 맞게 주문 제작해야 한다.

그러나 군대는 국가의 자산인 군용총을 개인에 맞춰 개조할 수 없기 때문에 형태가 모두 같다. 또 가혹한 환경에서 사용할 경우, 목재보다는 플라스틱이나 금속이 튼튼하기 때문에 오늘날 군용총의 총상은 대부분 대량생산에 용이한 플라스틱이나 금속으로 제작한다.

필자는 군용총도 개인에 맞게 조절할 수 있는 구조여야 한다고 생각한다. 몸에 맞는 총은 사격 시 표적을 보고 자세를 취한 뒤 눈을 감고 쏴도 대체로 크게 어긋나지 않지만, 몸에 맞지 않는 총을 눈 감고 쏘면 탄환이 엉뚱한 방향으로 날아가기 십상이다.

민간용 사냥총은 자기 몸에 맞게 조절해 세상에서 하나뿐인 자신만의 총을 만들 수 있다. 그리고 질 좋은 호두나무 총상에 아마인(亞麻仁) 기름을 바르면 아름다운 광택이 살아나는데, 정말 총이 사랑스러워 보이기까지 한다.

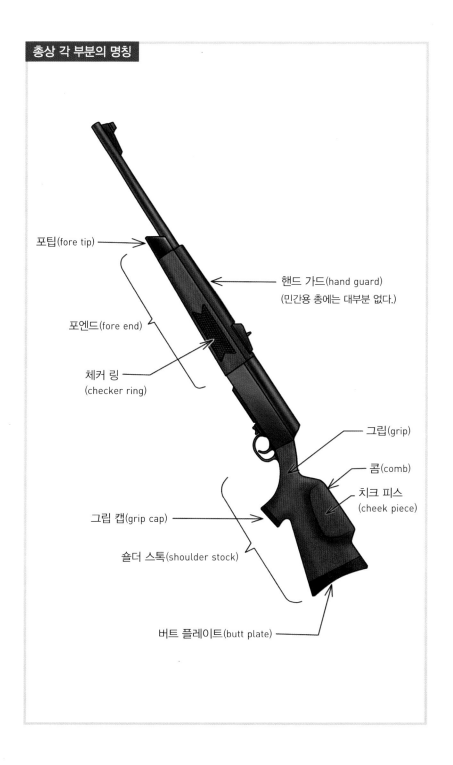

포팁(fore tip)

핸드 가드(hand guard)
(민간용 총에는 대부분 없다.)

포엔드(fore end)

체커 링
(checker ring)

그립(grip)

콤(comb)

치크 피스
(cheek piece)

그립 캡(grip cap)

숄더 스톡(shoulder stock)

버트 플레이트(butt plate)

9-02 총상의 형태

원피스형과 투피스형이 있다

총상은 기본적으로 나무(플라스틱이나 금속도 포함)를 깎아 하나의 블록 형태로 만든다. 이를 원피스(one piece)형이라고 한다.

총상이 총신의 끝부분까지 뻗어 있는 것을 풀 스톡(full stock)이라고 한다. 총신을 보호하는 데 효과적이지만, 길어서 뒤틀리기 쉽고 뒤틀리면 총신까지 영향을 줘서 명중률을 떨어뜨린다. 이 때문에 오늘날에는 거의 사용하지 않는다.

총상이 총신의 절반만 차지하는 것은 하프 스톡(half stock)이다. 오늘날 라이플에서 가장 많이 보이는 형태다.

기관부를 사이에 두고 총상이 전후로 분리된 것은 투피스(two piece)형이다. 앞부분을 포엔드라고 하고, 뒷부분을 숄더 스톡(개머리판)이라고 한다. 옛날 소총은 물론이고, 오늘날 산탄총이나 사냥용 라이플 대부분은 숄더 스톡의 일부가 그립이다. 하지만 돌격총 같은 현대 군용총에는 독립 그립이 달린 것도 많은데, 이를 스리피스(three piece)형이라고 한다.

독립 그립과 기능적으로 유사한 것으로 섬홀(thumb hole)형 스톡이 있다. 사격 경기 종목에 따라 규칙상 인정하지 않는 경우와 인정하는 경우가 있다. 또 러시아의 드라구노프(Dragunov) 저격총처럼 섬홀형과 독립 그립형의 중간 형태인 개방형 총상도 있다.

다양한 총상

옛날 총은 대부분 풀 스톡인 원피스형

오늘날 스포츠용 총 대부분은 하프 스톡인 원피스형

기관부를 사이에 두고 전후로 나눠진 투피스형

숄더 스톡   포엔드

오늘날 군용총의 대부분은 독립 그립이 있는 스리피스형

그립

섬홀이 있는 경기용 라이플

섬홀

개방형 총상인 저격총

개방된 부분

9-03 곡선형 총상과 직선형 총상

곡선형 총상은 반동으로 튀어 오른다

보통 총의 개머리판(숄더 스톡)은 뒷부분이 아래로 향한다. 정확한 조준을 하려면 총신을 가능한 한 눈높이와 가까운 곳에 둬야 하고, 총상의 뒤쪽 끝 (버트 플레이트)을 어깨로 지탱해야 하기 때문이다. 그래서 총상의 뒷부분 이 아래로 굽어야 한다. 이 각도를 벤드(bend)라고 하며 '벤드가 얇다.' '벤 드가 깊다.'라는 말로 그 정도를 표현한다.

그런데 이런 곡선형 총상은 발사 반동으로 총구가 튀어 오른다. 기관총 이나 소총도 기관총처럼 연속 사격하면 한 발 발사 후 튀어 오른 총신이 제 자리를 찾기 전에 다음 탄환이 발사되고, 다시 총구가 튀어 오르기를 반복 한다. 이 때문에 그대로 두면 점점 공중을 쏘는 꼴이 된다.

반동으로 총이 튀어 오르는 것을 가능한 한 억제하기 위해 총신을 눈높 이에서 어깨높이까지 내린 직선형 총상이 고안됐다. 러시아의 AK-47은 벤드가 깊어서 사격 시 크게 튀어 오르기 때문에 개량형인 AKM은 벤드를 얇게 제작해 사격 반동 때문에 발생하는 튀어 오름을 억제했다.

직선형 총상은 눈이 총신보다 상당히 높이 위치하기 때문에 조준구도 높 아야 한다. M16이 대표적이다. 분명 반동을 억제한다는 측면에서는 M16 처럼 조준선을 높일 필요가 있지만, 동시에 머리 위치도 높아지기 때문에 적군에 쉽게 노출되는 단점이 있다. 그래서 AKM이나 일본의 89식 소총 등은 조준선을 많이 높이지 않는 대신에 다소 얼굴을 숙여서 눈을 치켜뜬 상태로 조준한다.

M14

M14는 곡선형 총상이기 때문에 풀 오토(전자동) 사격 시 총구가 튀어 올라 제어할 수 없는 상태가 된다.

AK-47

AK-47은 벤드가 깊어 크게 튀어 오른다.

AKM

AKM은 벤드를 얕게 개량했다.

9-04 경기용 라이플의 그립

그립이지만 쥐지 않는다

사격 경기용 라이플은 그립의 앞면이 거의 수직이고, 사냥용 총에 비해 두껍다. 보통 그립은 사람 손으로 쥘 수 있도록 야구 방망이나 오토바이크 핸들처럼 가느다랗다. 그런데 경기용 라이플의 그립은 손으로 쥐어서는 안 된다.

라이플로 정밀 사격할 때는 가능한 한 손의 근육에 부담이 생기지 않도록 해야 한다. 그래서 그립은 움켜쥐는 것이 아니라 그립을 감싼 손 전체로 총을 어깨 쪽으로 끌어당기는 듯한 자세를 취한다.

이런 그립은 정지한 표적을 조준할 때 적합하다. 따라서 총의 형태도 사격 경기용으로 최적화돼 있다. 하지만 사냥이나 전투에는 비효율적이다. 갑자기 튀어나오는 목표에 반응해 재빨리 사격 자세를 취할 수 없을뿐더러 들고 이동하기에도 불편하다.

그렇지만 저격용 총에는 사격 경기용 총에 가까운 형태의 그립이 다수 있다. 옛날 저격총은 제2차 세계대전 당시의 보병총과 다르지 않았고 사냥용 라이플과 유사한 모양이었지만, 정확성을 높이기 위해 개량하면서 점차 경기용 총에 가까운 그립이 됐다. 미국 해병대의 M40 저격총이 좋은 예다. 초기에는 사냥용 라이플 모양이었지만, 개량한 M40 A3 그립은 경기용 총처럼 각도가 수직에 가까워졌다.

섬홀

경기용 스탠더드형   경기용 섬홀형

섬홀형 경기용 라이플의 그립

제조 중인 M40 A3. 그립은 마치 사격 경기용 총과 유사하다. (사진: 미국 해병대)

사냥총의 그립

고급 산탄총에는 스트레이트 그립이 많다

경기용 라이플 그립과 정반대의 성격을 가진 것이 스트레이트 그립(straight grip)이다. 이 형태는 영국제 수평쌍대 2연발 산탄총에 많아 잉글리시 스톡(English stock)이라고도 하며 구식 라이플에도 보인다. 고풍스러운 수평쌍대 2연발총에는 방아쇠가 2개 있다. 어떤 방아쇠를 선택하느냐에 따라 그립 위치도 달라지기 때문에 스트레이트 그립은 잡는 위치가 다소 자유롭다.

스트레이트 그립은 자세를 낮출 때 안정감이 나쁘지만, 영국 귀족이 새를 사냥할 때는 새를 자신 쪽으로 쫓아주는 몰이꾼이 있어 마주 오는 새를 비교적 높은 각도로 쏘는 일이 많다. 이런 경우라면 스트레이트 그립이 의외로 자세 잡기 편하며 스윙하기도 쉽다. 하지만 수평 사격이 불안정하다는 단점이 있다.

그래서 라이플 대부분은 피스톨 그립(pistol grip) 혹은 다소 각도가 작은 세미 피스톨 그립(semi pistol grip)이다. 특히 각도가 큰 것을 풀 피스톨 그립(full pistol grip)이라고 한다.

산탄총 중에서도 트랩 사격총은 비교적 낮은 각도로 쏘기 때문에 피스톨 그립이 많고, 높은 각도로 쏘는 스키트 사격총은 세미 피스톨 그립이 많다. 독립 그립을 피스톨 그립이라고 부르는 사람도 있는데 이는 잘못된 표현이다. 100여 년 전부터 피스톨 그립이라고 하면 오른쪽 그림과 같은 형태의 그립을 일컬었다.

스트레이트 그립

피스톨 그립

세미 피스톨 그립

풀 피스톨 그립

피스톨 그립의 라이플(위)과 풀 피스톨 그립의 라이플(아래)

캐스트 오프

총이 휘었다?

총을 쏠 때는 버트 플레이트(218쪽 참고)를 어깨에 대고 자세를 취한다. 눈으로 조준을 하기 때문에 오른쪽 그림처럼 몸을 기울여야 한다. 그런데 이렇게 하는 것만으로 충분하지 않기 때문에 총 대부분은 개머리판이 총신축에서 다소 바깥쪽으로 휘어져 있다.

거의 모든 총은 오른손잡이용이기 때문에 오른쪽으로 휘어져 있는데, 이를 캐스트 오프(cast off)라고 한다. 왼손잡이용은 캐스트 온(cast on)이라고 하며 왼쪽으로 휘어져 있다. 특히 산탄총처럼 쏠 때 신속히 자세를 취해 스냅 샷(snap shot. 속사)해야 하는 총에는 필수이기 때문에 이때 한눈에 알 수 있을 정도로 캐스트 오프의 각도가 크다. 총을 잘 모르는 사람은 이를 보고 '총이 휘었잖아?'라고 말할지 모르겠지만 일부러 각도를 준 것이다.

라이플은 근거리용 총이 아니라면 캐스트 오프의 각도가 크지 않지만, 대부분 캐스트 오프가 적용돼 있다.(M16처럼 캐스트 오프가 없는 총도 일부 있음) 경기용 라이플은 개머리판이 휘어져 있지 않은 것으로 보이지만, 자세히 살펴보면 버트 플레이트의 중심선이 총신축에서 다소 벗어나 있다.

캐스트 오프가 적용된 총의 발사 반동은 총의 안쪽(오른쪽에서 왼쪽으로)으로 향한다. 그러나 반동은 사수의 어깨를 밀기 때문에 총이 오른쪽으로 튕긴다. 이 두 가지 힘이 플러스마이너스 제로가 될지는 사수의 체격이나 자세에 따라 차이가 있다. 고로, 명확히 말할 수는 없다.

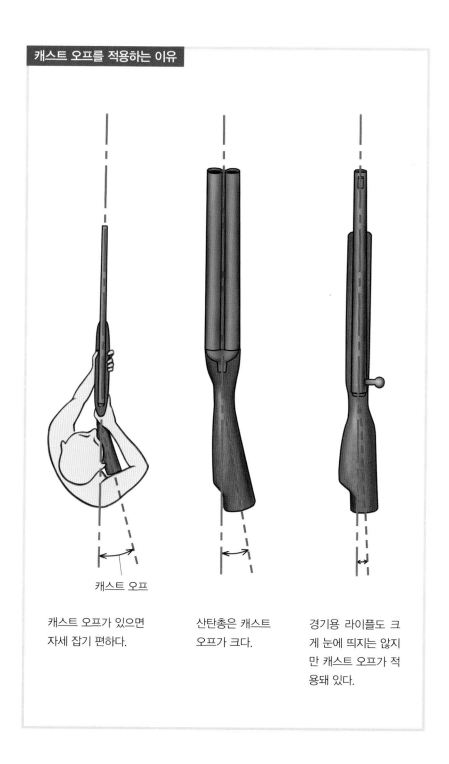

캐스트 오프

캐스트 오프가 있으면
자세 잡기 편하다.

산탄총은 캐스트
오프가 크다.

경기용 라이플도 크
게 눈에 띄지는 않지
만 캐스트 오프가 적
용돼 있다.

9-07 버트 플레이트
반동을 받는 부분도 휘어져 있다

개머리판 뒤쪽 끝에는 어깨에 닿는 부분인 버트 플레이트라는 판이 붙어 있다. 예전에 백병전을 벌일 때는 보병총의 버트 플레이트로 적을 타격했기 때문에 소재가 철판이었다. 반면 사냥용 매그넘 라이플 같은 경우, 반동을 흡수하기 위해 두꺼운 고무 재질이고 경기용 라이플의 경우에는 사격 자세에 따라 조절이 가능하다. 한편 버트 플레이트의 상단을 힐(heel)이라고 하며 하단을 토(toe)라고 한다.

사격 자세를 취해보면 버트 플레이트가 닿는 어깨 부분은 안쪽을 향해 움푹 들어간다. 그래서 버트 플레이트도 여기에 맞춰야 사격 자세를 취할 때 총이 기울어지지 않는다. 한두 발 정도 사격한다면 주의하며 쏘면 되지만, 수십 발을 쏘다 보면 어느새 총이 기울어져 있는 것을 발견할 수 있다.

대부분 개머리판에는 캐스트 오프가 적용돼 있기 때문에 그 뒤에 있는 버트 플레이트는 당연히 총축선(銃軸線)에 대해 좌우로 기울어져 있다. 버트 플레이트는 개머리판의 축선에 대해 거의 직각이지만, 이 부분이 닿는 사람의 몸은 당연히 기울어져 있어 인체의 각도는 캐스트 오프의 각도에 직각을 이루고 있다고 단정할 수는 없다.

이 각도가 문제가 되는 경우는 거의 없다. 극히 폭이 좁고 기울기는 근육의 탄력으로 흡수할 수 있기 때문이다. 하지만 경기용 라이플은 이런 미세한 기울기조차도 신경 써야 좋은 결과를 기대할 수 있다.

경기용 라이플의 가변식 버트 플레이트

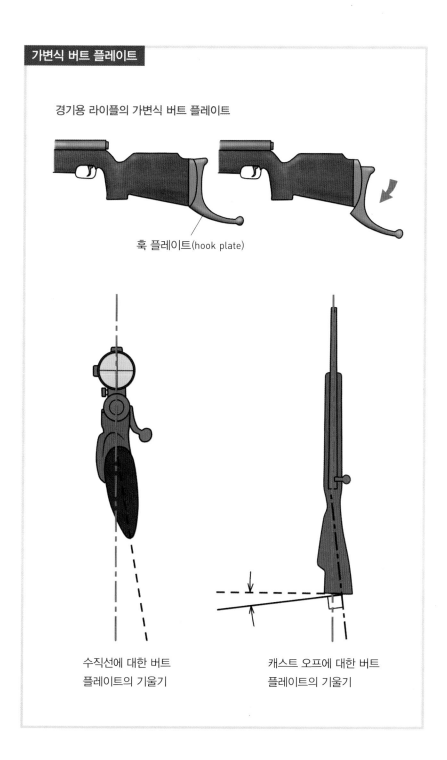

훅 플레이트(hook plate)

수직선에 대한 버트
플레이트의 기울기

캐스트 오프에 대한 버트
플레이트의 기울기

9-08 렌스 오브 풀과 피치 다운

몸에 맞는 총의 크기를 찾아라

방아쇠에서 버트 플레이트까지의 길이를 렌스 오브 풀(length of pull)이라고 한다. 총의 크기가 자기 몸에 맞는지 확인할 때 가장 세심하게 살펴봐야 할 부분이다. 이 길이가 맞지 않으면 자세를 취할 때 안정적이지 않다.

'키가 ○○cm이니까 렌스 오브 풀은 ○○cm이다.'처럼 공식이 있는 것은 아니다. 사람은 키가 같더라도 마른 사람과 뚱뚱한 사람, 어깨가 넓은 사람과 좁은 사람, 팔이 긴 사람과 짧은 사람, 손이 큰 사람과 작은 사람 등 제각기이기 때문이다. 또 같은 사람이 사용해도 그립 모양이나 사격 자세 등에 따라 달라지기도 한다. 다만 오른쪽 그림처럼 팔 관절 안쪽에 버트 플레이트를 대고 방아쇠에 손가락을 걸 수 있는 길이, 혹은 자신의 코 근처에 엄지손가락의 아래 마디가 위치하는 길이라면 크게 문제없다.

버트 플레이트의 수직선에 대한 기울기를 '피치 다운'(pitch down)이라고 한다. 피치 다운이 있는 이유는 사람의 몸이 기울어져 있기 때문이다. 물론 개인차가 있으며 사격 자세에 따라 기울어지는 정도는 다르다. 산탄총의 스키트 사격처럼 크게 올려다보는 자세를 취하면 피치 다운은 커지고, 트랩 사격처럼 앞으로 기운 자세를 취하면 작아진다.

보통 사냥용 라이플이나 트랩총은 4도 전후, 스키트총은 5~6도 정도다. 오른쪽 팔꿈치를 드는 자세를 취하면 피치 다운은 작아진다. 목이 긴 사람은 이에 따라 콤(222쪽 참고)을 높여 벤드를 깊게 만든다. 이러면 피치 다운도 커진다.

렝스 오브 풀과 피치 다운

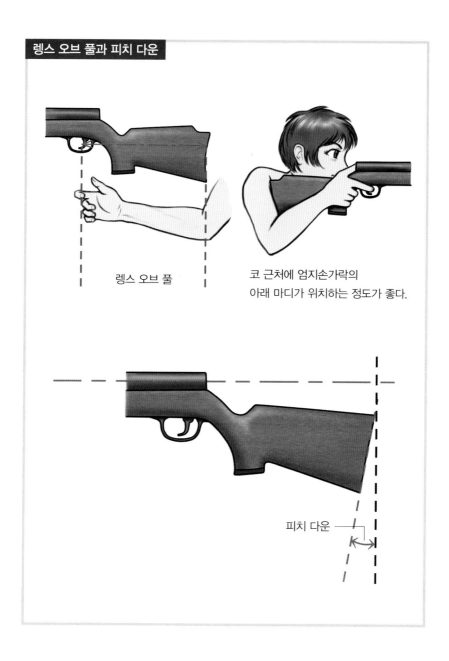

렝스 오브 풀

코 근처에 엄지손가락의
아래 마디가 위치하는 정도가 좋다.

피치 다운

콤과 치크 피스
이 둘이 맞아야 조준하기 쉽다

사격 자세를 취할 때 개머리판 윗면에 광대뼈를 올려놓는 부분을 콤 (comb)이라고 한다. 콤의 높이로 눈높이가 정해진다. 따라서 콤에서 조준 선까지의 높이는 광대뼈에서 눈의 중심까지의 높이와 같아야 한다. 이 높 이가 콤 드롭(comb drop)이다.

콤이 높은 스톡을 몽테 카를로(Monte Carlo)라고 하는데, 망원경이 달린 라이플에서 많이 보인다. 몽테 카를로는 콤의 선이 앞으로 기울어진 모양 이 많다. 콤이 앞으로 기울지 않으면 반동으로 총이 뒤로 튕길 때 볼에 충 격을 주기 때문이다.

뺨이 닿는 부분이 치크 피스다. 이것도 망원경 달린 라이플이나 경기용 라이플을 보면 부풀어 올라온 부분이 명확하지만, 전혀 알 수 없는 총도 많 다. 직선형 총상(210쪽 참고)인데, 조준선이 낮아 얼굴을 숙인 자세를 취해 야 하는 64식 소총이나 89식 소총은 오히려 꺼져 있을 정도다.

사격 자세를 취할 때 콤의 높이가 눈의 상하 위치를 정하고, 치크 피스의 두께가 눈의 좌우 위치를 정한다. 몸에 잘 맞는 총을 만들려면, 이 부분을 깎거나 덧대어 조절해야 한다. 참고로 치크 피스가 독립 부품으로 이뤄진 가변식도 있다. 이것도 치크 피스라고 부르지만, 오히려 콤의 역할을 한다.

콤과 치크 피스

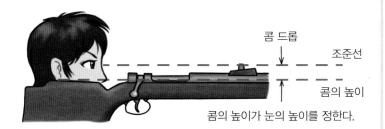

콤 드롭
조준선
콤의 높이

콤의 높이가 눈의 높이를 정한다.

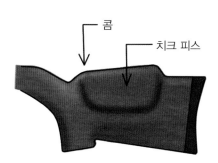

콤

치크 피스

몽테 카를로 치크 피스형

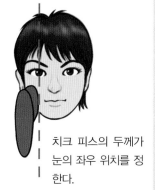

치크 피스의 두께가 눈의 좌우 위치를 정한다.

치크 피스는 원래 개머리판의 두께를 조절하는 것이지만, 가변식 치크 피스는 콤의 역할을 한다.

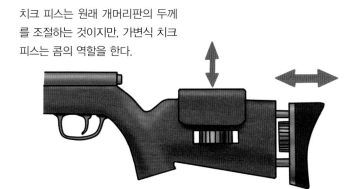

가변식 버트 플레이트로 렝스 오브 풀을 조절한다.

포엔드

얼마나 잡기 편한 형태인가가 중요하다

사격 자세에서 왼손(왼손잡이는 오른손)으로 총을 받쳐 드는 부분을 포엔드라고 한다. 여기도 개인에 따라 조절해야 하는 부분이다. 포엔드도 그립과 마찬가지로 정확한 사격을 위해서는 두껍고 안정적인 형태가 유리하다.

라이플 경기에서는 포엔드를 쥐지 않고 가능한 한 힘이 들어가지 않게 그저 왼손 위에 올려놓는다는 느낌으로 사격 자세를 취한다. 그래서 오히려 손으로 쥐기는 불편해도 올렸을 때 안정감 있는 형태로 만든다.

그런데 사냥용 라이플이나 전투용 라이플이 이런 모양이면 이동할 때 불편하다. 따라서 가늘고 둥근 모양을 선호한다. 산탄총처럼 '스윙하기 편리함'을 중시하는 총은 더 가늘면 좋겠지만, 산탄총도 자동총이나 슬라이드 액션총처럼 여기에 가스 피스톤 기구나 튜브 탄창을 장치해야 하기 때문에 가늘게 만들기에는 한계가 있다.

포엔드 단면이 오른쪽 그림의 ❶과 같은 산탄총은 정말로 들기 불편한 모양이지만 ❷는 두꺼워도 들기 편하고 안정감 있는 모양이다. 이처럼 위는 가늘고 아래는 다소 두껍지만, 바닥이 평평한 형태를 '비버 테일'(beaver tail)이라고 한다.

서브 머신 건 중에는 포그립(전방 손잡이)이 달린 종류도 있다. 정밀 사격을 할 때에는 적절하지 않지만, 서브 머신 건처럼 애초에 연사하며 돌격하기 위해 만든 총은 이처럼 쥐기 편안한 형태가 적합하다.

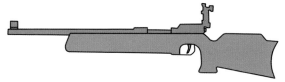

a 안정감이 중요한 경기용 라이플의 포엔드는 두툼하다.

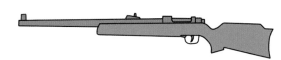

b 사냥용 라이플의 포엔드는 안정감이 있으면서 다소 작고 둥글다.

c 산탄총의 포엔드는 작아서 흔들기(스윙) 편하다.

d 산탄총이라고 해도 자동총이나 슬라이드 액션총은 포엔드를 작게
   만들기 어렵다.

❶ 이 포엔드는   ❷ 이 포엔드는 들기 편하다.
   들기 힘들다.   비버 테일이라고 한다.

9-11 핸드 가드

핸드 가드가 없는 기관총도 있다

포엔드와는 달리 총신을 위에서 덮는 형태의 부품을 핸드 가드(hand guard. 총열 덮개)라고 한다. 예전부터 스포츠용 총보다는 군용총에 많이 적용했다. 핸드 가드는 총신 보호가 목적이 아니라 연속 사격으로 뜨거워진 총신으로부터 손을 보호하거나 적과 격투가 벌어지면 들고 싸우기 편하게 해주는 부품이다.

핸드 가드는 스포츠용 총에도 많은 이점을 준다. 예를 들어 '총신에 비치는 어른거림 때문에 조준이 흐트러지는 것을 방지한다.' '총신에 빛이 반사돼 사냥감이 눈치채는 것을 방지한다.' '정밀 사격 시 온도 변화로 총신이 휘어짐을 방지한다.' 등이다.

기존에 총상이 목재인 총은 총신 위를 덮는 부분이 핸드 가드였지만, 최근 자동 라이플의 핸드 가드는 포엔드와 합쳐진 통 모양의 부품인 경우가 많다.

양각대를 세워서 사격하는 경기관총에는 핸드 가드가 없는 종류도 있다. 그러나 삼각대에 올려서 사용하는 중기관총과는 달리 경기관총은 총을 감싸 들고 사격을 하기도 한다. 이때 포엔드나 핸드 가드가 없는 기관총은 총신이 뜨거워서 매우 불편하다. 구일본군의 99식 경기관총이나 일본 육상자위대의 62식 기관총이 이런 나쁜 예다. 기관총수는 왼손에 두꺼운 가죽 장갑을 끼지만 장갑은 잃어버리기 쉽기에 핸드 가드를 장착하는 것이 올바른 설계라고 하겠다.

핸드 가드와 유사한 것으로 방열통(放熱筒)이 있다. 기관총의 총신을 감싸는 형태로 구멍이 많이 뚫린 통을 말한다. 이처럼 구멍이 있으면 총신을 냉각하는 공기 흐름이 좋아진다.

핸드 가드와 방열통

핸드 가드

핸드 가드

핸드 가드가 없는 기관총

방열통

9-12 최고의 총상 재료는 호두나무

좋은 총은 목재 부분이 비싸다

예전부터 총상은 목재로 만들었다. 최고로 치는 것은 월넛(walnut), 즉 호두나무로 특히 프랑스산 호두나무가 좋다. 100여 년 전에 만든 유럽산 총 중에 보존 상태가 우수한 것은 '당시 일반 사병이 사용하던 소총조차도 이렇게 질 좋은 호두나무를 사용했구나.'라고 감탄할 정도다.

지금 유러피언 월넛은 수백만 원, 아메리칸 월넛도 낮은 등급이 수십만 원 정도 한다. 미국 호두나무는 초콜릿 색을 강하게 띠는 특징이 있는데, 최근에는 이것도 물량이 부족한 실정이다.

호두나무는 제1차 세계대전 때부터 부족해 너도밤나무나 벚나무가 대체품으로 사용됐다. 벚나무는 다소 무거워 가공하기 힘들고, 나뭇결도 그다지 아름답지 않다. 이외에 스키용 목재로 많이 쓰는 히커리도 사용하며, 등산용 피켈이나 야구 배트로 많이 이용하는 물푸레나무, 들메나무 등도 좋다고 한다. 단풍나무는 북쪽 지방에 많아서 북유럽이나 캐나다산 총에 많이 쓰고, 미국산 총에도 많이 사용한다.

수령 100년 정도인 나무의 밑동부터 2m 정도까지만 잘라서 총상 재료로 사용한다. 이런 목재는 오랜 기간 나무 자체의 무게에 눌려 밀도가 높고 결이 곧은 특징이 있다.(나뭇결의 나이테가 평행하다. 통나무 중심 방향으로 톱질을 하면 나타난다. 휨과 수축이 적다.) 뒤틀림을 없애기 위해 물속에서 4년, 지상에서 6년 숙성한 뒤에 판으로 가공해 60~70℃의 건조실에서 1개월 이상 건조한다. 대량 생산을 해야 하는 군용총은 이런 과정이 사실상 불가능하다. 하지만 대충 만들어서는 제 기능을 할 수 없다. 이런 이유로 합판이나 금속, 플라스틱을 사용한다.

1950년대에 제조한 윈체스터 M70. 미국산 호두나무를 사용했다. 제2차 세계대전 후, 질 좋은 호두나무는 희소성이 높아졌다.

제2차 세계대전에 사용한 러시아 모신 나강(Mosin-Nagant) 라이플. 삼림자원이 풍부한 러시아에서는 이때까지만 해도 제법 좋은 목재를 확보할 수 있었던 것으로 보인다.

9-13 합판, 플라스틱, 금속
대량 생산이 가능하고 불량률이 낮다

제2차 세계대전 중 독일은 총상 재료를 원활하게 입수하지 못하게 되자, 호두나무나 벚나무를 얇게 잘라 붙인 합판을 사용했다. 합판은 나뭇결을 가로세로로 어긋나게 붙이지 않고 같은 방향으로 붙인다. 이때 색이 진한 판과 색이 옅은 판을 교대로 붙여서 총상의 곡면을 깎으면, 지도의 등고선처럼 줄무늬 모양이 만들어져 아름답다.

합판은 AKM이나 AK-47 등 러시아의 군용총에 많이 사용하며 시판하는 경기용 라이플에도 사용한다. 합판으로 제작하면 다소 무거워지지만, 고급 호두나무 재질보다 너도밤나무처럼 저렴한 목재로 만든 합판이 바람이나 비로 인한 뒤틀림에 강해 실용적이다.

비바람에도 끄떡없는 재료를 찾는다면 금속이나 플라스틱이 더 효과적이다. 그래서 오늘날에는 금속이나 플라스틱으로 만든 총상이 대부분이다. 금속은 강도가 높아서 목재보다 가볍게 제작할 수 있지만, 기온이 낮다면 맨손으로 잡기 힘들 정도로 차갑거나 직사광선이 바로 내리쬐는 곳에서는 너무 뜨겁다. 이때 목재나 플라스틱으로 감싸야 한다.

플라스틱 총상은 목재와 비교해서 충격을 잘 흡수하지 못한다. 이 때문에 플라스틱 총상으로 만든 저격총은 방아쇠를 당길 때 총 안쪽에서 뭔가 튕기는 듯한 느낌을 받을 수 있다. 사격에 익숙한 사람만 느낄 수 있을 정도로 미세한 감각이지만, 이조차도 최근에는 개선됐다.

합판(래미네이트) 총상. 색의 농담이 서로 다른 판을 붙여서 깎으면 큰 무늬의 나뭇결처럼 보인다. 사진은 윈체스터 M70.

최근 사냥총의 총상에는 플라스틱 소재를 많이 쓴다. 사진은 레밍턴 M700.

최근 경기용 총에는 금속 총상을 많이 쓴다. 사진은 화인베르바(Feinwerkbau) M602.

라이플 사격은 여성에 유리하다

사격은 올림픽이나 전국체전의 정식 종목이다. 일부 대학이나 고등학교에는 사격부가 있어서 학생 중에도 사격 인구가 많다. 일본의 경우, 20세 미만은 법률상 화약을 사용하는 총을 취급할 수 없기에 고등학교 사격부가 사용하는 총은 구경 4.5mm의 공기 소총이다. 공기 소총 경기의 사거리는 10m로 표적 직경은 45mm이고, 중심의 10점 직경은 0.5mm다. 탄환의 직경이 4.5mm이기 때문에 10점권에 조금만 걸쳐 맞아도 10점으로 채점한다. 대회에 참가하는 선수들은 대부분 10점을 명중시킨다.

　소총 사격은 사격 자세를 취한 상태에서 좌선을 하는 것과 비슷하다. 정신수양과 인내력, 안정감을 키울 수 있는 스포츠다. 그래서 의외로 여성에게 유리한 점이 많으며 많은 여성 선수가 남성 선수보다 좋은 성적을 올리고 있다.

모 고등학교 사격부의 여자 선수. 의외로 여성에게 사격이 잘 맞다.

참고 문헌

도서
《CARTRIDGES of the WORLD》, Frank C. Barnes, Gun Digest Book, 2009년
《GUN FACT BOOK》, 미국라이플협회(감수), 고바야시 히로아키 옮김, 가쿠슈켄큐샤,
　　2008년
《Lyman Shotshell Handbook》, Lyman Publications, 2011년
《기관총의 사회사》, John Ellis, 오치 미치오 옮김, 헤에본샤, 2008년
《더 쇼트 건》, 호리오 시게루, 슈료오카이샤, 1983년
《도해 세계 군사 기술사》, 코야마 히로타케, 하가쇼텐, 1972년
《도해 옛날 총 사전》, 토코로 쇼키치, 오야마카쿠슈판, 1996년
《독일 소화기의 모든 것》, 토코이 마사미, 고쿠사이슈판, 1976년
《사냥총 · 발사 순간의 이론》, 이마무라 기이츠, 효오겐샤, 1977년
《세계 병기 도감(공산권편)》, 노자키 류우스케, 고쿠사이슈판, 1974년
《세계 병기 도감(미국편)》, 이와도 노리토, 고쿠사이슈판, 1973년
《세계 병기 도감(일본편)》, 코바시 요시오, 고쿠사이슈판, 1973년
《인류와 병기(人類と兵器)》, Cleator · Philip Ellaby, 나카죠어 켄 옮김, 경제왕래사,
　　1968년
《포술 도해》, 안자이 미노루, 일본라이플사격협회, 1988년
《피스톨과 총의 도감》, 코바시 요시오 · 세키노 쿠니오, 이케다쇼텐, 1972년
《화승총》, 토코로 쇼키치, 오야마카쿠슈판, 1993년
《화포의 기원과 전통》, 아리마 세이호, 요시카와고우훈칸, 1962년

잡지
《월간 GUN》 각 호
《월간 GUN 별책》 1, 2, 3권

※ 제공처 표기가 없는 사진은 저자 소유.

A~Z/숫자

89식 소총   70, 71, 104, 148, 179, 210, 222

95식 소총   68, 72

AK-47   66~69, 112, 146, 210, 211, 230

AK-74   68

AKM   210, 211, 230

M16   27, 68~70, 72, 77, 104, 142, 143, 146, 169, 210, 216

가

가늠쇠   44, 46, 124, 144, 178, 196

가늠자   44, 46, 124, 178, 179, 196

가늠자 눈금   178

강내탄도   172

강압   78, 79, 164~167, 189

강외탄도   172

격침   56, 85, 86, 106, 128, 129, 135, 139

곡선형 총상   210, 211

구경   14~17, 20, 32, 68, 70, 78, 88, 90, 108, 110, 112, 184

그립   207~209, 212~215, 224

나

노리쇠   94, 128

뇌관   50, 51, 54~57, 74, 75, 84~87, 94, 104, 105, 128, 129, 138, 182, 183

뇌홍   50, 51, 86

다

더블 베이스   83

덤덤탄   100, 102

돌격총   130, 152, 197, 208

돌기 잠금 방식   146

디코킹 레버   120

라

로킹 러그   134, 135, 166

로킹 리세스   134, 135

롤러 로킹 방식   130, 146

리볼버   22, 54, 55, 88, 90, 114, 116~118, 120, 122, 123

림 파이어   78, 84, 110, 111, 126

마

마드파   42~44

매그넘   92, 102, 108~112, 136, 170, 177, 180, 187, 188, 202, 218

무연화약   40, 58, 60, 74, 80, 82, 83, 88

미니에탄   52, 53

바

발화금   86, 87

버트 플레이트   207, 210, 216, 218~220, 223

보병총   17, 26, 27, 62, 64, 66~68, 92, 98, 130, 142, 152, 169, 212, 218

볼트 액션   58, 59, 62, 64, 134~136, 138, 146, 200

분대 지원 화기   28, 29, 65

불 펍 방식   72

블로백 방식   126, 128, 129, 146

사

사보 슬러그   204

산탄 장탄   165, 182, 187

서펀틴   44, 45

센터 파이어 84, 85
소구경 고속탄 68, 70, 72, 132, 152
소프트 포인트 100, 101, 103
송탄띠 156
쇼트 리코일 방식 126, 127
스나이더 라이플 57
스피드 로더 114
슬러그 198, 199, 202, 204
슬러그 총신 198
실린더 34, 54, 55, 114~116, 122, 190
실버 팁 102, 103
실탄 84, 90, 92, 94, 100, 106, 108, 110,
   112, 114, 118, 120, 122, 124, 126, 128,
   130, 132, 134~136, 138, 139, 143,
   150, 152, 154, 156, 158, 162, 165, 166,
   168~170, 182
싱글 베이스 83

아
안정제 83
약실 54, 56, 58, 90, 118, 120, 122, 128,
   130, 134~136, 138, 139, 156, 162, 166,
   182, 188, 189, 202
익스트랙터 134
오토매틱 28, 65, 118, 119, 122, 123, 160
용두 44, 45, 47

자
자동소총 58, 64, 65, 67, 80, 90, 106, 107,
   134, 136, 138, 182
전도 142
직선형 총상 210, 222

차
철갑탄 16, 104, 105
초석 4, 40, 81

초크 190, 191, 194, 198
총신 20~22, 28, 32, 42, 44, 50, 52, 54,
   60, 72, 78, 79, 83, 124, 126~128, 131,
   134, 135, 138, 140~142, 144~148, 160,
   162, 164, 166, 170, 172, 178, 196, 197,
   200~202, 208, 210, 226, 227

카
캐스트 오프 216~219
콜드 해머 방식 140, 141

타
탄창 58, 66, 70, 72, 77, 90, 94, 96, 118,
   122, 128~130, 138, 139, 158, 202, 224
탄피 54, 56, 58, 60, 66, 84, 88~93, 96,
   106~110, 112, 114, 115, 118, 122, 126
   ~129, 131, 143, 146, 154, 166, 168, 170,
   182, 188, 189
튜브 탄창 94, 96, 138, 139, 224
트리플 베이스 83

파
패닝 116
폭굉 74
풀 메탈 재킷 98, 100, 101
플린트 록 방식 48

하
하프 라이플링 총신 204
하프 문 클립 114
할로 포인트 102, 103
화룡창 42~44, 46
화승총 13, 20, 22, 44, 45, 48, 50, 108, 198
회전식 잠금 방식 146
흑색화약 40, 50, 74, 75, 80, 82, 88, 182

지은이 가노 요시노리

군사 무기 전문가. 가스미가우라 항공학교를 졸업했고, 지금은 군사 도서를 집필하는 전문 작가로 활동 중이다. 군 생활에서 쌓은 경험과 지식을 바탕으로 대중도 이해하기 쉬운 군사 도서를 저술한다. 주요 저서로《미사일의 과학》《저격의 과학》《권총의 과학》《스나이퍼 입문》등 11종이 있다.

군 출신으로 각종 무기와 군사 지식을 온몸으로 경험했다. 이 덕분에 자신이 체험한 총기의 특징을 기술하고 비평하는 등 생동감 넘치는 정보를 풍부하게 제공한다. 밀리터리 마니아 사이에서 정확하고 실용성이 높은 정보를 짜임새 있는 구성으로 잘 보여준다는 평이다.

옮긴이 신찬

인제대학교 국어국문학과를 졸업하고, 한림대학교 국제대학원 지역연구학과에서 일본학을 전공하며 일본 가나자와 국립대학 법학연구과 대학원에서 교환 학생으로 유학했다. 일본 현지에서 한류를 비롯한 한일간의 다양한 비즈니스를 오랫동안 체험하면서 번역의 중요성과 그 매력을 깨닫게 되었다고 한다. 현재 번역 에이전시 엔터스코리아에서 출판 기획 및 일본어 전문 번역가로 활동 중이다. 옮긴 책으로는《자동차 운전 교과서》《기상 예측 교과서》《미사일 구조 교과서》《비행기 엔진 교과서》《권총의 과학》등 다수가 있다.

총의 과학

발사 원리와 총신의 진화로 본 총의 구조와 메커니즘 해설

1판 1쇄 펴낸 날 2021년 11월 25일
1판 3쇄 펴낸 날 2024년 5월 30일

지은이 가노 요시노리
옮긴이 신찬

펴낸이 박윤태
펴낸곳 보누스
등 록 2001년 8월 17일 제313-2002-179호
주 소 서울시 마포구 동교로12안길 31 보누스 4층
전 화 02-333-3114
팩 스 02-3143-3254
이메일 bonus@bonusbook.co.kr

ISBN 978-89-6494-526-1 03400

전쟁에는 불변의 법칙이 있다
지휘관이 알아야 할 전투의 원칙

기모토 히로아키 지음 | 강태욱 옮김 | 16,000원

—

현실은 곧 전쟁이다. 전술은 군대나 전투에서만 쓰이는 개념이 아니다. 전술의 원리와 원칙을 명확하게 이해하고 현실에 적용하면 어떤 문제에 부딪혀도 두려운 것이 없다. 이 책이 말하는 전술의 본질을 익히면 당신도 위대한 지휘관이 될 수 있다.

정확한 팩트와 수치로
총의 발전사와 메커니즘을 해설하다

가노 요시노리 지음 | 신찬 옮김 | 16,800원

—

총의 정의와 종류, 역사, 발사 구조와 원리, 탄약, 탄도학 등에 관한 여러 지식을 모아 소개한다. '총이란 무엇인가?'라는 질문에 총체적으로 답하는 밀리터리 지식 교양서다. 누구든 가장 빠르고 쉽게 총에 관한 교양을 쌓을 수 있다.